# 建设项目工程经济分析评价与造价管理

王国明　著

吉林科学技术出版社

图书在版编目（CIP）数据

建设项目工程经济分析评价与造价管理 / 王国明著
. -- 长春 : 吉林科学技术出版社 , 2023.3
ISBN 978-7-5744-0322-2

Ⅰ . ①建… Ⅱ . ①王… Ⅲ . ①基本建设项目—经济分
析—研究②基本建设项目—经济评价—研究③建筑造价管
理—研究 Ⅳ . ① F282 ② TU723.3

中国国家版本馆 CIP 数据核字 (2023) 第 066158 号

## 建设项目工程经济分析评价与造价管理

| | |
|---|---|
| 著 | 王国明 |
| 出 版 人 | 宛　霞 |
| 责任编辑 | 马　爽 |
| 封面设计 | 刘梦杏 |
| 制　版 | 刘梦杏 |
| 幅面尺寸 | 170mm×240mm |
| 开　本 | 16 |
| 字　数 | 130 千字 |
| 印　张 | 7.75 |
| 印　数 | 1–1500 册 |
| 版　次 | 2023年3月第1版 |
| 印　次 | 2024年1月第1次印刷 |

出　版　吉林科学技术出版社
发　行　吉林科学技术出版社
地　址　长春市南关区福祉大路5788号出版大厦A座
邮　编　130118
发行部电话/传真　0431-81629529　81629530　81629531
　　　　　　　　　　　　81629532　81629533　81629534
储运部电话　0431-86059116
编辑部电话　0431-81629510
印　刷　廊坊市印艺阁数字科技有限公司

书　号　ISBN 978-7-5744-0322-2
定　价　48.00 元

# 前　　言

　　建筑工程经济主要研究工程与经济之间的相互关系，以谋求工程与经济的最佳结合，通过计算、分析、比较和评价，以求最优的工程技术方案。在外商投资及引进项目大量增加，建筑行业市场竞争不断加剧的新形势下，如何优化资源配置、提高决策水平和投资效益是当前经济建设中比较突出的问题。当今时代，被人们称之为知识经济时代，具有高度的产业化、信息化、现代化、劳动智能化的现代特征。在这种大环境下，现在及未来社会对各类人才素质，特别是对工程领域从业者提出了更高的要求。这就要求工程相关人员在掌握专业知识、解决实际技术问题的基础上，要具备强烈的经济意识，能够进行经济分析和决策。

　　建设工程造价管理是指对建设工程项目各实施阶段的工程造价所进行的确定、监督与控制等经济管理活动。它包括建设单位（业主）对建设项目实施全过程的工程造价所进行的监督、控制与管理；设计单位对建设项目在设计阶段的工程造价所进行的确定与控制；施工企业（承包商）对建设项目在施工阶段的工程造价所进行的确定、控制与管理；建设项目施工与竣工后的费用控制等。因此，它在整个建设项目实施的过程中具有十分重要的经济地位与作用。

　　本书首先介绍了建设项目的经济评价的基本知识；其次详细阐述了建筑工程造价结算、决算及审查方法，以适应建筑工程造价管理探索与创新的发展现状和趋势。

　　本书突出了基本概念与基本原理，在写作时尝试多方面知识的融会贯通，既注重知识层次递进，同时注重理论与实践的结合。希望可以为广大读者提供借鉴或帮助。

　　由于作者专业水平有限，写作时间仓促，书中难免存在不足之处，敬请广大读者批评指正，以便做进一步的修订与完善。

# 目　　录

# 第一章 建设项目的经济评价方法与方案比选

## 第一节 建设项目经济评价指标体系

### 一、经济评价的基本内容

建设项目经济评价的内容应根据技术方案的性质、目标、投资者、财务主体以及方案对经济与社会的影响程度等具体情况确定，一般包括方案盈利能力、偿债能力、财务生存能力等评价内容。

#### (一) 技术方案的盈利能力

技术方案的盈利能力是指分析和测算拟定技术方案计算期的盈利能力和盈利水平。其主要分析指标包括方案财务内部收益率和财务净现值、静态投资回收期、总投资收益率和资本金净利润率等，可根据拟定技术方案的特点及经济效果分析的目的和要求等选用。

#### (二) 技术方案的偿债能力

技术方案的偿债能力是指分析和判断财务主体的偿债能力，其主要指标包括利息备付率、偿债备付率和资产负债率等。

#### (三) 技术方案的财务生存能力

财务生存能力分析也称资金平衡分析，是根据拟定技术方案的财务计划现金流量表，通过考察拟定技术方案计算期内各年的投资、融资和经营活动所产生的各项现金流入和流出，计算净现金流量和累计盈余资金，分析技术方案是否有足够的净现金流量维持正常运营，以实现财务可持续性。而财务可持续性应首先体现在有足够的经营净现金流量，这是财务可持续的基本条件；其次在整个运营期间，允许个别年份的净现金流量出现负值，但各年累计盈余资金不应出现负值，这是财务生存的必要条件。若出现负值，应进行短期借款，同时分析该短期借款的时间长短和数额大小，并进一步判断拟定技术方案的财务生存能力。短期借款应体现在财务计划现金流量表中，其利息应计入财务费用。为维持技术方案正常运营，还应分析短期借款的可靠性。

在实际应用中，对于经营性方案，经济效果评价是从拟定技术方案的角度出发，根据国家现行财政、税收制度和现行市场价格，计算拟定技术方案的投资费用、成本与收入、税金等财务数据，通过编制财务分析报表，计算财务指标，分析拟定技术方案的盈利能力、偿债能力和财务生存能力，据此考察拟定技术方案的财务可行性和财务可接受性，明确拟定技术方案对财务主体及投资者的价值贡献，并得出经济效果评价的结论。投资者可根据拟定技术方案的经济效果评价结论、投资的财务状况和投资所承担的风险程度，决定拟定技术方案是否应该实施。对于非经营性方案，经济效果评价应主要分析拟定技术方案的财务生存能力。

## 二、经济评价的指标体系

工程项目经济评价可采用不同的指标来表达，任何一种评价指标都是从一定的角度来反映项目的经济效果，总会带有一定的局限性。因此，需建立一整套指标体系来全面、真实、客观地反映项目的经济效果。

工程项目经济评价指标体系根据不同的标准，可有不同的分类。根据计算项目经济评价指标时是否考虑资金的时间价值，可将常用的经济评价指标分为静态评价指标和动态评价指标等。静态评价指标主要用于技术经济数据不完备和不精确的方案初选阶段，或对寿命期比较短的方案进行评价；动态评价指标则用于方案最后决策前的详细可行性研究阶段，或对寿命期较长的方案进行评价。项目经济评价指标按评价的内容不同，可分为盈利能力分析指标、偿债能力分析指标两类。项目经济评价指标根据评价指标的性质，可分为时间性指标、价值性指标、比率性指标。

# 第二节 静态评价方法

## 一、投资收益率

根据分析的目的不同，投资收益率具体分为总投资收益率和资本金净利润率。

### （一）总投资收益率（ROI）

总投资收益率表示总投资的盈利水平，是指项目达到设计生产能力后的一个正常生产年份的年息税前利润与项目总投资的比率。

年息税前利润 = 年利润总额 + 当年计入总成本费用的利息费

项目总投资 = 建设投资 + 建设期贷款利息 + 流动资金

当计算出的总投资收益率高于同行业的总投资收益率参考值时，表明用总投资收益率表示的技术方案盈利能力满足经济上可行的要求。

### （二）资本金净利润率（ROE）

项目资本金净利润率表示项目资本金的盈利水平，是指项目达到设计生产能力后的一个正常生产年份的年净利润或项目运营期内的年平均净利润与资本金的比率。

当项目资本金净利润率高于同行业的资本金净利润率参考值时，表明用项目资本金净利润率表示的技术方案盈利能力满足经济上可行的要求。对于技术方案而言，若总投资收益率或资本金净利润率高于同期银行利率，那么适度举债是有利的。反之，过高的负债比率将损害企业和投资者的利益。所以，总投资收益率或资本金净利润率指标不仅可以用来衡量工程建设方案的获利能力，还可以作为技术方案筹资决策参考的依据。

### （三）投资收益率的优缺点

投资收益率指标经济意义明确、直观，计算简便，在一定程度上反映了投资效果的优劣，可适用于各种投资规模。但不足的是，没有考虑投资收益的时间因素，忽视了资金具有时间价值的重要性；指标的计算主观随意性

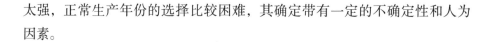

太强，正常生产年份的选择比较困难，其确定带有一定的不确定性和人为因素。

### (四) 投资收益率的适用范围

投资收益率主要用在工程建设方案制定的早期阶段或研究过程，且计算期较短、不具备综合分析所需详细资料的方案，尤其适用于工艺简单而生产情况变化不大的工程建设方案的选择和投资经济效果的评价。

## 二、静态投资回收期

### (一) 静态投资回收期概念

投资回收期是反映投资方案盈利能力的指标。根据是否考虑到资金的时间价值，投资回收期分为静态投资回收期和动态投资回收期。静态投资回收期是指在不考虑资金时间价值因素条件下，用方案的净收益回收项目全部初始投资所需要的时间，即用项目净现金流量抵偿全部初始投资所需的全部时间，一般用年来表示。静态投资回收期可以自项目的建设开始年份算起，也可以自项目投产年份开始算起。如从项目投产年份开始算起，应予以注明。

### (二) 静态投资回收期的应用

项目投资分多次投入，且各年净收益不等，静态投资回收期通常用累计净现金流量求出，也就是在现金流量表中累计净现金流量由负值转向正值之间的年份。

### (三) 静态投资回收期的优缺点

投资回收期的优点在于简单、直观、便于理解；既反映方案的盈利性，又反映了方案的风险。其缺点是只反映了项目投资回收期内的盈利情况，忽略了回收期以后的收益，只有利于早期效益高的项目。因此，投资回收期通常不能独立判断项目是否可行，一般作为辅助性评价指标使用。

### 三、借款偿还期

#### (一)借款偿还期的概念

借款偿还期是指根据国家财税规定及技术方案的具体财务条件,以可作为偿还贷款的技术方案收益(利润、折旧、摊销费及其他收益)来偿还技术方案投资借款本金和利息所需要的时间。

#### (二)借款偿还期的判别准则

借款偿还期满足贷款机构的要求期限时,即认为技术方案是有借款偿债能力的。

#### (三)借款偿还期的适用范围

借款偿还期指标适用于那些未预先给定借款偿还期限,且按最大偿还能力计算还本付息的技术方案;它不适用于那些预先给定借款偿还期的技术方案。对于预先给定借款偿还期的技术方案,应采用利息备付率和偿债备付率指标分析技术方案的偿债能力。

### 四、利息备付率(ICR)

#### (一)利息备付率的概念

利息备付率也称已获利息倍数,指项目在借款偿还期内各年可用于支付利息的息税前利润(EBIT)与当期应付利息(PI)的比值。它是从付息资金来源的充足性角度反映项目偿付债务利息的保障程度。

#### (二)利息备付率的判别准则

利息备付率分年计算。利息备付率越高,表明利息偿付的保障程度越高。利息备付率表示使用项目利润偿付利息的保证倍数。对于正常经营的项目,利息备付率应当大于1,否则,表示项目的付息能力保障程度不足。尤其是当利息备付率低于1时,表示技术方案没有足够资金支付利息,偿债风

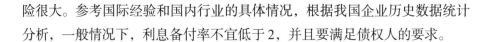

险很大。参考国际经验和国内行业的具体情况，根据我国企业历史数据统计分析，一般情况下，利息备付率不宜低于2，并且要满足债权人的要求。

## 五、偿债备付率（DSCR）

### （一）偿债备付率的概念

偿债备付率是指项目在借款偿还期内，各年可用于还本付息的资金与当期应还本付息金额（PD）的比值。它表示可用于还本付息的资金偿还借款本息的保障程度。

可用于还本付息的资金包括：还款的折旧和摊销，成本中列支的利息费用，还款的所得税后的利润等。当期应还本付息金额包括当期应还贷款本金额及计入成本的全部利息。融资租赁的本息和运营期内的短期借款本息也应纳入还本付息金额。

### （二）偿债备付率的判别准则

偿债备付率应分年计算。偿债备付率高，表明可用于还本付息的资金保障程度高。偿债备付率表示可用于还本付息的资金偿还借款本息的保证倍率，正常情况应当大于1。根据我国企业历史数据统计分析，一般情况下，偿债备付率不宜低于1.3，并满足债权人的要求。

## 六、资产负债率（LOAR）

### （一）资产负债率的概念

资产负债率是指各期末负债总额同资产总额的比率，用来反映项目各年所面临的财务风险程度及偿债能力的指标。

资产负债率表示公司总资产中有多少是通过负债筹集的，是评价公司负债水平的综合指标。同时也是一项衡量公司利用债权人资金进行经营活动能力的指标，反映债权人发放贷款的安全程度。

### (二)资产负债率的判别标准

作为提供贷款的机构,可以接受100%以下(包括100%)的资产负债率。若资产负债率大于100%时,表明企业已资不抵债,达到破产底线。

作为经营者,适度的资产负债率,既表明企业经营安全、稳健,具有较强的筹资能力,也表明企业和债权人的风险较小。负债过大,企业承受债务的能力弱;反之,负债过小,说明企业资产利用率较低或利用债权人资本进行经营活动的能力很差。从财务管理的角度来看,企业应充分利用资产负债率制定借入资本决策。国际上公认的适宜的资产负债率为60%。

对该指标的分析,应结合国家宏观经济状况、行业发展趋势、企业所处竞争环境等具体条件判定。项目经济分析中,在长期债务还清后,可不再计算资产负债率。

## 七、流动比率(CR)

### (一)流动比率的概念

流动比率是指流动资产总额和流动负债总额之比,用来衡量企业流动资产在短期债务到期以前,可以变为现金用于偿还负债的能力,即衡量企业短期的偿债能力。

流动资产是指企业可以在一年或者超过一年的一个营业周期内变现或者运用的资产,主要包括货币资金、短期投资、应收票据、应收账款、预付账款和存货等。流动负债,也叫短期负债,是指将在一年或者超过一年的一个营业周期内偿还的债务,包括短期借款、应付票据、应付账款、预收账款、应付股利、应交税金、其他暂收应付款项、预提费用和一年内到期的长期借款等。

### (二)流动比率的判别标准

流动比率越高,企业资产的流动性越大。但是,比率太大表明流动资产占用较多,会影响经营资金周转效率和获利能力。一般认为,合理的最低流动比率为2。

## 八、速动比率

### (一) 速动比率的概念

速动比率是指速动资产对流动负债的比率，用来衡量企业流动资产中可以立即变现用于偿还流动负债的能力，即衡量企业短期的偿债能力。

速动资产包括货币资金、短期投资、应收票据、应收账款、其他应收款项等，可以在较短时间内变现。而流动资产中存货、1年内到期的非流动资产及其他流动资产等则不应计入。计算速动比率时，流动资产中扣除存货，是因为存货在流动资产中变现速度较慢，有些存货甚至可能滞销，无法变现。

### (二) 速动比率的判别标准

速动比率越高，企业资产的流动性越大。速动比率比流动比率更能反映企业的资金流动性，因为速动资产就是流动资产中容易变现的那部分资产。一般认为，合理的最低速动比率为1。

# 第三节　动态评价方法

## 一、动态投资回收期

动态投资回收期是指在计算投资回收期时考虑了资金时间价值，即把投资项目各年的净现金流量按基准收益率折成现值之后，再来推算投资回收期，这也是它与静态投资回收期的根本区别。动态投资回收期就是净现金流量累计现值等于零时的年份。

## 二、净现值

### (一) 净现值的概念

净现值是反映投资方案在计算期内盈利能力的动态评价指标。技术方

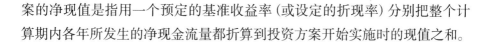

案的净现值是指用一个预定的基准收益率（或设定的折现率）分别把整个计算期内各年所发生的净现金流量都折算到投资方案开始实施时的现值之和。

### (二) 判别标准

净现值是评价技术方案盈利能力的绝对指标。当净现值＞0时，说明该方案除了满足基准收益率要求的盈利之外，还能得到超额收益，也就是说方案现金流入的现值和大于现金流出的现值和，该方案有收益，故该方案经济上可行；当净现值＝0时，说明该方案基本能满足基准收益率要求的盈利水平，即方案现金流入的现值正好抵偿方案现金流出的现值，该方案经济上还是可行的；当净现值＜0时，说明该方案不能满足基准收益率要求的盈利水平，即方案收益的现值不能抵偿支出的现值，该方案经济上不可行。

### (三) 优缺点

净现值指标的优点是：考虑了资金的时间价值；全面考虑了技术方案在整个计算期内现金流量的时间分布的状况；能够直接以货币额表示技术方案的盈利水平；判断直观。

净现值指标的缺点是：必须首先确定一个符合经济现实的基准收益率，而基准收益率的确定往往是比较困难的，且属于技术方案的外在因素；在互斥方案评价时，财务净现值必须慎重考虑互斥方案的寿命，如果互斥方案寿命不等，必须构造一个相同的分析期限，才能进行各个方案之间的比选；财务净现值不能真正反映技术方案投资中单位投资的使用效率；不能直接说明在技术方案运营期间各年的经营成果。

## 三、内部收益率 (IRR)

内部收益率是用来评价投资方案可行性的重要方法。为了了解内部收益法，首先需弄清什么是净现值函数。

### (一) 净现值函数

净现值是以基准收益率作为折现率计算的。若折现率为未知数，则净现值与折现率之间存在函数关系，称之为净现值函数。净现值的大小与折现率的高低有直接的关系。净现值函数具有以下特点：折现率越大，净现值越小；净现值曲线在横轴上至少有一个交点，该交点处的折现率的值就是内部收益率。在计算期内，开始时有支出而后才有收益，且方案的净现金流量序列的符号只改变一次的现金流量，称之为常规现金流量。对于具有常规现金流量技术方案，随着折现率的逐渐增大，财务净现值由大变小，由正变负。

### （二）内部收益率的概念

内部收益率（IRR）的实质就是使投资方案在计算期内各年净现金流量的现值累计等于零时的折现率。也就是说，在这个折现率时，项目的现金流入的现值和等于其现金流出的现值和。

### （三）内部收益率的经济含义

内部收益率容易被误解为项目初期投资的收益率。事实上，从上述的内部收益率的表达式可以看出，内部收益率的经济含义是投资方案占用的尚未回收资金的获利能力，它完全取决于项目内部现金流量要素，与外部变量（如基准收益率）无关。这就是内部收益率称为"内部"的原因。

内部收益率反映的是项目全部投资所能获得的实际最大收益率，是项目借入资金利率的临界值。它表明了项目对所占资金的一种恢复（回收）能力，在项目计算期内尚未恢复的资金，按这一利率进行恢复，到寿命期结束时恰好恢复完毕。当投入的资金不变时，收回的资金越多，内部收益率越高；当回收的资金不变时，投入的资金越多，内部收益率越低。

内部收益率（IRR）指标的优点：考虑了资金的时间价值以及技术方案在整个计算期内的经济状况，不仅能反映投资过程的收益程度，而且 IRR 的大小不受外部参数影响，完全取决于技术方案投资过程净现金流量系列的情况。这种技术方案内部决定性，使它在应用中具有一个显著的优点，即避免了像净现值之类的指标那样需事先确定基准收益率这个难题，而只需要知道基准收益率的大致范围即可。

内部收益率的缺点：内部收益率计算比较麻烦，对于具有非常规现金流量的技术方案来讲，其财务内部收益率在某些情况下甚至不存在或存在多个内部收益率。

# 第四节　建设项目方案比选

## 一、建设项目评价方案类型

评价建设项目方案，仅通过计算评价指标进行判别是不够的，还必须了解建设项目方案的类型，按照方案的类型确定合适的评价指标，最终做出科学的投资决策。建设项目评价方案类型是指一组备选方案之间所具有的相互关系。这种关系有两种：单一方案和多方案。多方案又分为互斥型、互补型、现金流量相关型、组合—互斥型和混合相关型五种类型。

### （一）独立型方案

独立型方案是指方案间互不干扰、在经济上互不相关的方案，也就是这些方案都是独立无关的，选择或放弃其中一个方案，并不影响对其他方案的选择。单一方案是典型的独立方案。

### （二）互斥型方案

互斥型方案是指在若干备选方案中，各个方案彼此可以互相替代，即方案之间具有排他性，选择其中一个方案，必须放弃其他方案。这种众里挑一的方案，就叫互斥型方案或排他性方案。在建设项目中，互斥型方案既可以指同一项目的不同备选方案，也可指不同的投资项目。同一项目的不同备选方案之间显然是互斥关系。

### （三）互补型方案

互补型方案是指在多方案中，出现技术经济互补的方案。根据互补方案之间相互依存的关系，互补方案可能是对称的。比如建设一座大学，必须同时建设教学楼、宿舍楼、食堂等设施，如果仅仅只建设了教学楼，而不建设宿舍楼、食堂，则教学楼就不能正常运行。这些项目在建成时间、建设规模上都要相互配套、相互适应，缺少任何一个项目，其他项目均不能正常运行。因此，它们之间是互补的，也是互相对称的。互补方案也可能是不对称的，如建设一座大楼和增加电梯系统，没有电梯，大楼能运行；有了电梯，

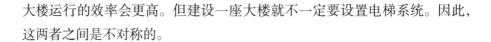

大楼运行的效率会更高。但建设一座大楼就不一定要设置电梯系统。因此，这两者之间是不对称的。

### (四) 现金流量相关型方案

现金流量相关是指各方案的现金流量之间存在相互影响，进而影响其他方案的采用或拒绝。相关关系有正相关和负相关。一个方案的实施虽然不排斥其他方案，但可以使其效益减少，这时方案之间具有负相关，方案的比选转化为互斥关系。反之，当一个方案的实施使其他方案的效益增加时，则方案之间具有正相关，方案的比选可采用独立方案的比选方法。

### (五) 组合—互斥型方案

在若干可采用的独立方案中，如果存在资源约束条件，如方案受到资金、劳动力、材料、设备或其他资源的限制，则只能从中选择一部分方案实施。

### (六) 混合相关型方案

在方案众多的情况下，方案间的相关关系可能包括以上多种类型，被称之为混合相关型。在经济效果评价前，弄清项目方案的类型非常重要，关系着评价结果，决定着最终的决策。

## 二、互斥方案的经济效果评价与选择

互斥方案之间存在着互不相容、互相排斥的关系，多方案比选时，只能择其一。因此在互斥方案类型中，经济效果评价包含两部分内容：一是考察各个方案自身的经济效果，称为绝对效果检验；二是考察哪个方案相对最优，称相对效果检验。两种检验的目的和作用不同，通常缺一不可，以确保所选方案不但可行且最优。

互斥方案经济效果评价的特点是要进行方案比选，因此，不论使用何种评价指标，都必须使各个方案在使用功能、定额标准、计费范围及价格等方面满足可比性。常用的互斥方案评价方法有净现值、净年值、费用现值、费用年值和内部收益率等几种。

# 第二章　建设项目经济评价

## 第一节　建设项目经济评价概述

### 一、建设项目经济评价的基本概念

建设项目的经济评价是指项目可行性研究中，对拟建项目方案计算期内有关技术经济因素和项目投入与产出的有关财务、经济资料进行调查、分析、预测，对项目的财务、经济、社会效益进行计算、评价，分析比较各个项目建设方案的优劣，从而确定和推荐最佳项目方案。经济评价是项目可行性研究的核心内容，其目的在于避免或最大限度地降低项目投资的风险，明确项目投资的财务效益水平和项目对国民经济发展及社会福利的贡献大小，以最大限度地提高项目投资的综合经济效益，为项目的投资决策提供科学依据。

建设项目经济评价的任务是在完成项目相关的市场需求预测、拟建规模、技术设计方案、环境保护、投资估算与资金筹措等的基础上，在遵循动态分析与静态分析相结合、定量分析与定性分析相结合、宏观效益分析与微观效益分析相结合、价值量分析与实物量分析相结合、预测分析与统计分析相结合的原则下，计算项目建设所需投入的费用，对项目建成投产后的经济效益进行分析，对项目在经济上的可行性、合理性进行分析论证，选出经济效益最优的投资方案，并提出结论性意见或建议，为决策者提供投资决策的依据。

### 二、建设项目经济评价的两个层次

#### （一）建设项目经济评价两个层次的含义

建设项目的经济评价，分为财务评价和国民经济评价两个层次。

（1）财务评价是从企业的角度，根据国家现行财政、税收制度和现行市场价格，计算项目的投资、费用、产品成本与产品营业收入、税金等财务数据，进而计算、分析项目的盈利状况、收益水平及清偿能力、贷款偿还能力等财务状况，据此分析建设项目的财务可行性，并得出财务评价的结论。财务评价是建设项目经济评价中的微观层次，主要从微观投资主体的角度分析项目可以给投资主体带来的效益及投资风险。作为市场经济微观主体的企业进行投资时，一般都进行项目财务评价。

（2）国民经济评价是从国家和社会的角度，采用影子价格、影子工资、影子汇率、社会折现率等经济参数，计算项目需要国家付出的代价与项目对促进和实现国家经济发展的战略目标及对社会效益的贡献大小，对增加国民收入、增强国民经济实力、创收外汇、充分合理地利用国家资源、提供就业机会、促进科学技术进步等方面的贡献程度，即从国民经济的角度来判别建设项目的经济效果。国民经济评价的目的在于寻求用尽可能少的社会费用，取得尽可能大的社会效益的最佳方案。对于财务现金流量不能全面、真实地反映其经济价值，需要进行费用效益分析的项目，应将国民经济评价的结论作为项目决策的主要依据之一。

### (二) 建设项目经济评价两个层次的异同

（1）建设项目的财务评价和国民经济评价是互相联系的，它们之间有若干相同之处，表现在以下三个方面：

①两者的评价目的相同。它们都要寻求以最小的投入获得最大的产出。

②两者的评价基础相同。它们都是在完成市场需求预测、工程技术方案、资金筹措等的基础上进行评价。

③两者的计算期相同。它们都要通过计算包括项目的建设期、生产期全过程的费用和效益来评价项目方案的优劣，从而得出项目方案是否可行的结论。

（2）国民经济评价与财务评价虽然联系密切，但二者也有不同，表现在以下七个方面：

①评价的角度不同。财务评价是站在项目自身的立场上，从财务的角度考察项目的货币收支和财务盈利水平，以及借款偿还能力，以确定投资行

为的财务可行性。它是以企业净收入最大化为目标的盈利性评价，属于微观经济评价。国民经济评价是站在国民经济综合平衡的立场上，考察项目需要国家付出的代价和对实现国家经济发展的战略目标以及对社会福利的贡献大小，即考察项目方案的国民经济效益，以确定投资行为的宏观可行性。它是以全社会的资源获得最优配置，从而使国民收入最大化为目标的盈利性评价，属于宏观经济评价。

②费用和收益的范围不同。财务评价中的费用和收益，由财务评价的目标所决定，是根据企业直接发生的财务收支计算项目的费用和收益，即只考虑项目的直接货币效益。凡是增加企业收入的就是财务收益，凡是减少企业收入的就是财务费用。国民经济评价中的费用和收益，是由国民经济评价的目标所决定的，凡是增加国民收入的就是国民经济收益，凡是减少国民收入的就是国民经济费用。它根据项目所消耗的全社会有用资源和对社会提供的有用产品（包括劳务）来考察项目的费用和收益，即除了考虑项目的直接经济效果之外，还要考虑项目的间接效果（包括定量效果和定性效果），考虑项目对全社会全面的费用与收益状况。

③费用和收益的划分不同。财务评价根据项目的实际收支确定项目的费用和收益，项目的收益仅包括净利润和折旧，而利息、税金则作为项目的费用支出。在进行国民经济评价时，税金、国内借款利息被视为国民经济内部转移支付，不列入项目的费用或收益。

④采用的价格不同。财务评价对投入物和产出物采用现行的市场实际价格。国民经济评价则采用根据机会成本和供求关系确定的影子价格。

⑤采用的折现率不同。财务评价采用因行业而异的基准收益率作为折现率。国民经济评价采用国家统一测定的社会折现率。

⑥采用的汇率不同。财务评价采用官方汇率。国民经济评价采用国家统一测定的影子汇率。

⑦采用的工资不同。财务评价采用当地通常的工资水平。国民经济评价采用影子工资。

## 第二节　建设项目财务评价

### 一、财务评价概述

#### (一) 财务评价的内容

项目决策可分为投资决策和融资决策两个层次。投资决策重在考察项目净现金流是否大于其投资成本；融资决策重在考察资金筹措方案能否满足要求。从严格意义上说，投资决策在先，融资决策在后。根据不同决策的需要，财务评价可分为融资前财务评价和融资后财务评价。财务评价的内容主要包括：财务盈利能力分析、清偿能力分析、外汇效果分析、风险分析和财务状况分析。

财务评价基本程序如下：

(1) 收集、整理和计算有关基础财务数据资料。根据项目市场研究和技术研究的结果，对现行价格体系及现行财税制度进行财务预测，获得项目投资支出、投资进度、营业收入、生产成本、利润、税金及项目计算期等一系列财务基础数据，并将所得数据编制成辅助财务报表。

(2) 编制基本财务报表。一般包括现金流量表、损益表、资金来源与运用表、资产负债表及外汇平衡表。

(3) 进行财务评价指标的计算与分析。根据基本财务报表进行项目盈利能力指标、清偿能力指标分析，并与其对应的评价标准或基准值进行对比分析，从而对项目的财务状况做出评价，得出结论。

(4) 进行不确定性分析。通过盈亏平衡分析、敏感性分析、概率分析等，预测项目可能遇到的风险及项目的抗风险能力。

(5) 结论。做出项目财务评价的最终结论，并对该项目在财务上是否可行做出判断。

#### (二) 财务评价的作用

建设项目的财务评价无论是对投资主体，还是对为项目建设和生产经营提供资金的其他机构或个人，均具有十分重要的作用，主要表现在以下五个方面：

（1）财务评价是建设项目可行性研究报告和经济评价的重要组成部分，是投资者进行投资决策的主要依据。比如，通过比较项目的财务盈利能力能否达到国家规定的基准收益率，可以分析预测项目投资主体能否取得预期的投资效益。因此，财务评价是项目投资主体、债权人、决策部门共同关心的问题。判断一个项目是否值得建设，首先要进行财务评价。特别是在市场经济条件下，财务状况不佳或财务评价不可行的项目，除非国民经济特殊需要，否则是不可能进行投资建设的。

（2）财务评价是制订适宜的资金规划，进行项目筹资决策的直接依据。通过对建设项目的投资估算，可以确定项目实施所需资金数额，进而根据资金的可能来源及资金的使用效益，安排恰当的用款计划及选择适宜的筹资方案。

（3）财务评价能为协调国家利益和企业利益提供依据。对某些国民经济评价结论好，财务评价不可行，但又为国计民生所急需的项目，必要时可向国家提出采用经济优惠措施的建议，使项目具有财务上的生存能力。

（4）财务评价是配合投资各方签订协议、合同，制定章程和进行谈判的基础，也是促进各方在平等互利的基础上进行经济合作的基础。

（5）财务评价是项目开展国民经济评估的重要基础，也是进行项目后评价的主要参照。

## 二、融资前财务评价

融资前财务评价是指在制订项目融资方案前进行的财务分析，即在不考虑债务融资条件下进行的财务分析。一个建设项目只有在融资前分析结论满足要求的情况下，才能初步设定融资方案，再进行融资后分析。融资前分析只进行盈利能力分析，并以投资现金流量分析为主要手段。

融资前项目投资现金流量分析是从项目投资总获利能力的角度，考察项目方案的合理性。根据需要，可从所得税前和(或)所得税后两个角度进行考察，选择计算所得税前和(或)所得税后指标。计算所得税前指标的融资前分析是从息前、税前角度进行的分析。计算所得税后指标的融资前分析是从息前、税后角度进行的分析。

融资前项目投资现金流量分析的现金流量主要包括建设投资、营业收入、经营成本、流动资金、营业税金及附加和所得税。由于融资前财务评价的现金流量应与融资方案无关，因此，为了体现与融资方案无关的要求，各项现金流量的估算中都需要剔除利息的影响。例如，采用不含利息的经营成本作为现金流出，而不是总成本费用。在流动资金估算、经营成本中的修理费和其他费用估算的过程中，应注意避免利息的影响。所得税前和所得税后分析的现金流入完全相同，但现金流出略有不同，所得税前分析不将所得税作为现金流出，所得税后分析视所得税为现金流出。

（1）现金流入包括营业收入、回收固定资产余值、回收流动资金，还可能包括补贴收入。营业收入的各年数据取自营业收入、营业税金及附加和增值税估算表。固定资产余值和流动资金均在计算期最后一年回收。固定资产余值回收额为固定资产折旧费估算表中固定资产期末净值合计。

（2）现金流出主要包括建设投资、流动资金、经营成本、营业税金及附加。固定资产投资和流动资金的数额取自项目总投资使用计划与资金筹措表。流动资金投资为各年流动资金增加额。经营成本取自总成本费用估算表。营业税金及附加包括营业税、消费税、资源税、城市维护建设税和教育费附加，它们取自营业收入、营业税金及附加和增值税估算表。调整所得税应根据息税前利润乘以所得税率计算。原则上，息税前利润的计算应完全不受融资方案变动的影响，即不受利息多少的影响，包括建设期利息对折旧的影响。但如此将会出现两个折旧和两个息税前利润（用于计算融资前所得税的息税前利润和利润表中的息税前利润）。为简化起见，当建设期利息占总投资比例不是很大时，也可按利润表中的息税前利润计算、调整所得税。

（3）项目计算期各年的净现金流量为各年现金流量减对应年份的现金流出量，各年累计净现金流量为本年及以前各年净现金流量之和。

（4）按所得税前的净现金流量计算的相关指标即所得税前指标，它是投资盈利能力的体现，用以考察项目方案设计本身所决定的财务盈利能力。它不受融资方案和所得税政策变化的影响，仅仅体现项目方案本身的合理性。所得税前指标可以作为初步投资决策的主要指标，用于考察项目是否可行，是否值得为之融资。

### 三、融资后财务评价

融资后财务评价包括项目的盈利能力分析、偿债能力分析及财务生存能力分析，据以判断项目方案在融资条件下的合理性。融资后财务评价是比选融资方案，进行融资决策和最终决定是否投资的依据。融资后财务评价的报表包括项目资本金现金流量表、投资各方现金流量表、利润与利润分配表、财务计划现金流量表、资产负债表。辅助报表有借款还本付息估算表、总成本费用估算表。

#### (一) 借款还本付息计划表的编制

盈利能力分析包括动态分析和静态分析两种方法。动态分析是通过编制财务现金流量表，根据资金时间价值原理，计算财务内部收益率、财务净现值等指标，分析项目的获利能力。融资后的动态分析可分为项目资本金现金流量分析和投资各方现金流量分析。静态分析则是通过编制利润与利润分配表，选择一些静态指标，分析非折现盈利能力。

偿债能力则是考察项目按期偿还借款的能力。根据借款还本付息计划表、利润和利润分配表以及总成本费用表的有关数据，通过计算利息备付率、偿债备付率指标，判断项目的偿债能力。如果能够得知或根据经验设定所要求的借款偿还期，可以直接计算利息备付率、偿债备付率指标。如果借款偿还期难以设定，也可以先将其大致估算出，再采用适宜的方法计算出每年需要还本付息的金额，计算利息备付率、偿债备付率指标。

财务生存能力是根据财务计划现金流量表，分析考察项目在整个计算期内的资金充裕程度，分析财务可持续性，判断项目在财务上的生存能力。

借款还本付息计划表反映了项目计算期内各年借款本金偿还和利息支付情况，用于计算偿债备付率和利息备付率指标。根据与贷款银行商定的条件，建设期贷款的本息将在生产期内分年偿还。偿还的方式有多种，一般采用生产期在规定年限内等额偿还方式，如等额本金偿还和等额本息偿还，在财务评价中常采用借款还本付息表的形式来计算。在计算中要注意，生产期初应偿还贷款本息总额等于建设期内贷款本金与贷款利息的总和；在生产期内，当到某年仍不能还清全部贷款时，还应计算利息；另外，每年贷款的偿

还均发生在年末。

根据国家现行财税制度的规定，贷款还本的资金来源主要包括可用于归还借款的利润、固定资产折旧、无形资产和其他资产摊销费和其他还款资金。

（1）利润。用于归还贷款的利润，一般应是经过利润分配程序后的未分配利润。如果是股份制企业，需要向股东支付股利，应先从未分配利润中扣除分配给投资者的利润，然后用来归还贷款。项目投产初期，如果用规定的资金来源归还贷款的缺口较大，也可暂不提取公积金。

（2）固定资产折旧。鉴于项目投产初期尚未面临固定资产更新的问题，作为固定资产重置准备金性质的折旧，在被提取以后暂时处于闲置状态。因此，为了有效地利用一切可能的资金来源以缩短还贷期限，加强项目的偿债能力，可以使用部分新增折旧基金作为偿还贷款的来源之一。

（3）摊销费。摊销费是指按现行的财务制度计入项目的总成本费用，但是项目在提取摊销费后，这笔资金并没有具体的用途规定，具有沉淀性质，因此可以用来归还贷款。

（4）其他还款资金。其他还款资金是指按有关规定可以用减免的营业税金偿还贷款的资金来源。在生产期内，建设投资和流动资金的借款利息按现行的财务制度，均应计入项目总生产成本费用中的财务费用。

**（二）总成本费用表的编制**

总成本费用表是在还本付息计划表、固定资产折旧费用估算表、流动资产及其他资产摊销估算表、营业收入和营业税金及附加估算表编制完成后，通过对项目经营成本的计算，汇总编制而成的报表。另外，总成本费用也可以采用生产成本加期间费用的方式估算。

**（三）利润与利润分配表的编制**

利润与利润分配表反映出项目计算期内各年营业收入、总成本费用、利润总额等情况，以及所得税后利润的分配，用于计算总投资收益率、项目资本金净利润率等指标。

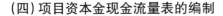

### (四) 项目资本金现金流量表的编制

在对项目整体获利能力有所判断的基础上，项目资本金盈利能力指标是投资者最终决定是否投资的最重要指标，也是比较和取舍融资方案的重要依据。项目资本金现金流量分析应在拟订的融资方案下，从项目资本金出资者的角度，确定其现金流入和现金流出，编制项目资本金现金流量表。项目资本金现金流量表以投资者的出资额作为计算基础，将借款本金的偿还及利息支付计入现金流出，用以计算项目的资本金内部收益率、财务净现值等评价指标，以考察项目的盈利能力。

### (五) 投资各方现金流量表的编制

为了考察投资各方的具体收益，还应从投资各方实际收入和支出的角度，确定其现金流入和现金流出，分别编制投资各方现金流量表，计算投资各方的内部收益率。投资各方现金流量表中的现金流入是指出资方因该项目的实施将实际获得的各种收入。现金流出是指出资方因该项目的实施将实际投入的各种支出。

(1) 实分利润是指投资者由项目获取的利润。

(2) 资产处置收益分配是指对有明确的合营期限或合资期限的项目，在期满时对资产余值按股比或约定比例的分配。

(3) 租赁费收入是指出资方将自己的资产租赁给项目使用所获得的收入，此时应将资产价值作为现金流出，列为租赁资产支出科目。

(4) 技术转让或使用收入是指出资方将专利或专有技术转让或允许该项目使用所获得的收入。

### (六) 项目财务计划现金流量表的编制

项目财务计划现金流量表反映项目计算期各年的投资、融资及经营活动的现金流入和流出，计算累计盈余资金，分析项目的财务生存能力。该表用于选择资金筹措方案，制订适宜的借款及偿还计划，并为编制资产负债表提供依据。

### (七) 资产负债表的编制

资产负债表综合反映项目计算期内各年年末资产、负债和所有者权益的增减变化及对应关系，用以考察项目资产、负债、所有者权益的结构是否合理，并进行清偿能力分析。资产负债表记录的是现金存量，是某一时刻的累计值。这与现金流量表、利润与利润分配表、项目财务计划现金流量表不同，这些报表记录的是现金流量。资产负债表中的基本恒等关系是：资产＝负债＋所有者权益。

（1）资产由流动资产、在建工程、固定资产净值、无形及其他资产净值四项组成。其中：

①流动资产包括生产经营中所必需的最低要求的流动资产，为应收账款、预付账款、存货、货币资金和其他之和。前三项数据来源于流动资产估算表，货币资金取自财务计划现金流量表中的累计盈余资金与流动资金估算表中的现金之和。但在计算期的最后一年，应扣除回收固定资产余值及自有流动资金。

②在建工程记录的是施工前期准备、正在施工中和虽已完工但尚未交付使用的建筑工程和安装工程所花的投资费用，以及建设投资和建设期利息的年累计额。

③固定资产净值和无形及其他资产净值分别从固定资产折旧费估算表和无形及其他资产摊销估算表中取得。

（2）负债包括流动负债、建设投资借款和流量资金借款。流动负债中的应付账款、预收账款数据取自流动资金估算表。建设投资借款和流动资金借款根据财务计划与现金流量表中的对应项及相应的本金偿还项进行计算。

（3）所有者权益包括资本金、资本公积金、累计盈余公积金及累计未分配利润。其中，累计未分配利润来自利润与利润分配表。累计盈余公积金来自利润与利润分配表中盈余公积金各年份的累计值，但应据有无用盈余公积金弥补或转增资本金的情况进行相应调整。资本金为项目投资中累计自有资金（扣除资本溢价），当存在资本公积金或盈余公积金转增资本金的情况时应进行相应调整。

### 四、财务评价的参数与指标

#### (一) 资金成本

资金成本是指项目为筹集和使用资金而支付的费用，包括资金占用费（如支付给投资人的投资报酬、支付给债权人的利息）和资金筹集费（如筹资手续费）。一般来说，资金成本是评价投资方案所用的折现率，也是选择资金来源的依据。资金成本通常用资金成本率表示。资金成本率是指使用资金所负担的费用与筹集资金净额之比。

#### (二) 财务评价参数及其确定方法

财务评价中采用的参数是否合理、准确，决定了评价结论的正确与否，因此必须重视项目评价所采用的参数值的质量。财务评价中的计算参数主要用于计算项目财务费用和效益，具体包括建设期价格上涨指数、各种取费系数或比率、税率、利率等。财务评价中的数据参数主要包括判断项目盈利能力的参数和判断项目偿债能力的参数。判断项目盈利能力的参数主要包括财务内部收益率、总投资收益率、项目资本金净利润率等指标的基准值或参考值。判断项目偿债能力的参数主要包括利息备付率、偿债备付率、资产负债率、流动比率、速动比率等指标的基准值或参考值。

项目盈利能力判据中的财务内部收益率是动态指标，给出的是基准值。而总投资收益率、资本金净利润率是静态指标，给出的是参考值。项目偿债能力判据参数中，因为各类项目的情况不同，项目实施的法人情况不同，各金融机构对贷款人的要求不同，各行业的行业特点不同，而利息备付率、偿债备付率、资产负债率等指标的取值在一般情况下是不一致的，给出的均为参考值。财务基准收益率是项目评价财务内部收益率指标的基准判据，也是计算财务净现值指标的折现率。行业财务基准收益率代表行业内投资资金应当获得的最低财务盈利水平，代表行业内投资资金的边际收益率。财务基准收益率的测定方法有：

（1）资本资产定价模型法。在投资决策中的一项基本原则是投资收益应大于投资成本，因此，确定投资收益水平的下限就转化为确定投资的资金成本。资本资产定价模型法是在市场经济环境下普遍采用的资金成本分析方法之一。它的基本思路是：权益资本的收益由无风险投资收益和风险投资收益（又称为风险溢价）两部分构成，资金投入不同的行业具有不同的风险，因而风险溢价也不相同。

资本资产定价模型的假设前提是资本可以充分自由流动，所有资产均可以交易，投资者充分了解有关信息，投资与资产价值均由市场价格（一般通过股市）反映等。在正常情况下，股票市场中各类具有代表性的股票的价格及其变动反映了各类实业投资收益和市场价值及其变动。通过测算行业投资收益变动与市场总的投资收益变动的关系，可以分析判断行业投资风险的相对大小。通过测定行业风险系数可以计算权益资本成本，得出权益投资应达到的最低收益率。

采用资本资产定价模型法测算行业财务基准收益率，应在确定行业分类的基础上，在行业内抽取有代表性的企业样本，以若干年企业财务报表数据为基础数据，进行行业风险系数、权益资金成本的测算，得出用资本资产定价模型法测算的行业最低可用折现率（权益资金），作为确定权益资金行业财务基准收益率的下限，再综合考虑采用其他方法测算得出的行业财务基准收益率并进行协调后，确定权益资金行业财务基准收益率的取值。

（2）加权平均资金成本法。通常，企业的资本由权益资金和债务资金两个部分构成，二者应具有合理的比例，其中权益资金成本取决于项目所在行业的特点与风险，债务资金成本则取决于资本市场利率水平、企业违约风险、所得税率等因素。通过测定行业的加权平均资金成本，可以近似得出行业内全部投资的最低可用折现率，为确定融资前税前行业财务基准收益率提供参考下限。在综合考虑其他方法得出的行业收益率并进行协调后，确定全部投资行业基准收益率的取值。

（3）典型项目模拟法。典型项目模拟法是通过选取行业内一定数量有代表性的、已进入正常生产运营状态的建设项目，进行实际情况调查，对实际实施的项目进行数据搜集分析，并做出必要的价格调整，按项目评价方法计算项目的财务内部收益率。这种分析的前提是项目具有典型性、代表性。在一定数量典型项目财务内部收益率测算的基础上，可以确定行业财务收益率的基准值。

（4）专家调查法。这种方法充分利用专家熟悉行业特点、行业发展变化规律、项目收益水平和具有丰富经验的优势，由若干名专家对项目收益率取值进行分析判断，经过几轮调查，逐步集中专家的意见，形成结论性取值结果。在调查过程中，如果在基本没有人为因素干扰的情况下能形成收敛性的结论，则这一结论能对基准收益率的取值提供重要参考。

### （三）财务评价指标

财务评价主要包括盈利能力评价和清偿能力评价。财务评价的方法有以现金流量表和利润表为基础的动态盈利能力评价和静态盈利能力评价，以资产负债表为基础的财务比率分析，以借款还本付息计划表和财务计划现金流量表为基础的偿债能力分析和财务生存能力分析等。根据计算评价指标时是否考虑资金的时间价值，又将财务评价指标分为静态指标和动态指标。静态指标主要用于数据不完备和不精确的方案初选；动态指标则用于方案的详细可行性研究阶段的评价。建设项目财务评价指标体系是按照财务评价的内容建立起来的，同时，也与编制的财务评价报表密切相关。

为了评价建设项目的财务经济效果，必须建立一套合理的指标体系。当然，任何一个评价指标都是从一定的角度来反映项目的经济效果，总会有其局限性。因此，在进行财务评价时只有选取正确的评价指标体系，其评价结果才能与客观情况吻合。

## 第三节　建设项目国民经济评价

### 一、国民经济评价的作用与适用范围

国民经济评价是按合理配置资源的原则，采用社会折现率、影子汇率、影子工资和货物影子价格等经济参数，从项目对社会经济所做贡献以及社会为项目付出代价的角度考察项目的经济合理性。国民经济评价的理论基础是有关资源优化配置的理论。从经济学的角度看，经济活动的目的是配置稀缺经济资源用于生产产品和提供服务，以满足社会需求。

## (一) 国民经济评价的作用

(1) 正确反映项目对社会经济的净贡献。在财务评价中，主要是从企业 (投资主体) 的角度考察项目的效益。由于企业的利益并不总是与国家和社会的利益完全一致的，项目的财务盈利性可能难以全面正确地反映项目的经济合理性，如国家给予项目补贴、企业向国家缴税、某些货物的市场价格可能扭曲以及项目的外部效果。因而，需要从项目对社会资源增加所做贡献和项目引起社会资源耗费增加的角度等方面进行项目的经济分析，以便正确反映项目的经济效率和对社会福利的净贡献。

(2) 为合理配置资源提供依据。合理配置有限的资源 (如劳动力、土地、各种自然资源、资金等) 是经济社会发展所面临的命题。在完全的市场经济状态下，可通过市场机制调节资源的流向，实现资源的优化配置。在非完全的市场经济中，需要政府在资源配置中发挥调节作用。但是由于市场本身的原因及政府不恰当的干预，可能导致市场配置资源失灵。项目的国民经济评价对项目的资源配置效率，即项目的经济效益 (或效果) 进行分析评价，可为政府的资源配置决策提供依据，提高资源配置的有效性。政府在审批或核准项目的过程中，对那些本身财务效益好但经济效益差的项目可以限制，使有限的社会资源得到更有效的利用；对那些本身财务效益差而经济效益好的项目予以鼓励，以促进对社会资源的有效利用。

(3) 为市场化运作的基础设施等项目提供财务方案的制订依据。对部分或完全市场化运作的基础设施等项目，可通过国民经济评价论证项目的经济价值，为制订财务方案提供依据。

(4) 有助于实现企业利益与全社会利益的有机结合和平衡。国家实行审批和核准的项目，应当特别强调要从社会经济的角度评价和考察，支持和发展对社会经济贡献大的产业项目，并特别注意限制和制止对社会经济贡献小，甚至有负面影响的项目，以有效地察觉盲目建设、重复建设项目，有效地将企业利益与全社会利益有机地结合。

## (二) 国民经济评价的适用范围

在理想的市场经济条件下，依赖市场调节的项目投资通常由投资者自行决策。对这类项目，政府调节作用的发挥在于广泛构建合理有效的市场机制，而不在于具体的项目投资决策。因此，这类项目一般不必进行国民经济评价，而是通过市场竞争优胜劣汰机制促进生产力的不断发展和进步。国民经济评价主要适用于市场本身的原因及政府不恰当的干预可能导致市场配置资源失灵及市场价格难以反映其真实经济价值的项目。主要有以下几类项目：

（1）政府预算内投资用于关系国家安全、国土开发和市场不能有效配置资源的公益性项目和公共基础设施项目、保护和改善生态环境项目、重大战略性资源开发项目。

（2）政府各类专项建设基金投资用于交通运输、农林水利等基础设施、基础产业建设项目。

（3）利用国际金融组织和外国政府贷款，需要政府主权信用担保的建设项目。

（4）法律、法规规定的其他政府性资金投资的建设项目。

（5）企业投资建设的涉及国家经济安全，影响环境资源、公共利益，可能出现垄断，涉及整体布局等公共性问题，需要政府核准的建设项目。

## 二、国民经济评价的经济参数

经济参数是进行国民经济评价的重要工具。正确理解和使用这些参数，对正确估算经济效益和费用、计算评价指标并进行经济合理性的判断，以及方案的比选和优化都是十分重要的。经济参数分为两类：一类是通用参数，包括社会折现率、影子汇率、影子工资等，由专门机构组织测算和发布；另一类是各种货物、服务、土地、自然资源等的影子价格，需由项目评价人员根据项目的具体情况自行测算。

### （一）社会折现率

社会折现率反映社会成员对社会费用效益价值的时间偏好，代表着社会投资所要求的最低动态收益率。作为项目经济效益要求的最低经济收益率，社会折现率代表着社会投资所要求的最低收益率水平。项目投资产生的社会收益率如果达不到这一最低水平，那么项目不应当被接受。社会投资所要求的最低收益率，理论上认为应当由社会投资的机会成本决定，也就是由社会投资的边际收益率决定。

社会折现率是国民经济评价的重要通用参数，既用作经济内部收益率的判别基准，也用作计算经济净现值的折现率。社会折现率根据社会经济发展的多种因素综合测定，由专门机构统一测算发布，根据社会经济发展目标、发展战略、发展优先顺序、发展水平、宏观调控意图、社会投资收益水平、资金供求状况、资金机会成本等因素综合测定。我国目前的社会折现率一般取值为8%。对于永久性工程或者受益期超长的项目，如水利工程等大型基础设施和具有长远环境保护效益的建设项目，社会折现率可适当降低，但不应低于6%。

近年来，发达国家有将社会折现率取值降低的趋势。较早年份制定的社会折现率较高，近年修订的社会折现率较低。世界银行、亚洲开发银行等国际组织为发展中国家使用的社会折现率较高，发展中国家制定的社会折现率也较高。

作为基准收益率，社会折现率取值的高低直接影响项目经济可行性的判断结果。社会折现率如果取值过低，将会使得一些经济效益不好的项目投资得以通过，这样经济评价就不能起到应有的作用。社会折现率取值提高，会使一些本来可以通过的投资项目因达不到判别标准而被舍弃，从而使可以获得通过的项目总数减少，使投资总规模下降。因此，社会折现率可以作为国家建设投资总规模的间接调控参数。需要缩小投资规模时，可提高社会折现率；需要扩大投资规模时，可降低社会折现率。社会折现率的取值高低还会影响项目的选优和方案的比选。社会折现率较高，则不利于初始投资大而后期费用节省或收益增大的方案或项目，因为后期的效益折算为现值时的折减率较高；而社会折现率较低时，情况正好相反。

### (二) 影子汇率

影子汇率是指能正确反映外汇真实价值的汇率，即外汇的影子价格。在国民经济评价中，影子汇率通过影子汇率换算系数计算。影子汇率换算系数是影子汇率与国家外汇牌价的比值，由国家统一测定和发布。根据我国外汇收支情况、进出口结构、进出口环节税费及出口退税补贴等情况可知，影子汇率的取值对于项目决策也有着重要的影响。对于那些主要产出物是可外贸货物的建设项目，由于产品的影子价格要以产品的口岸价为基础计算，外汇的影子价格的高低直接影响项目收益价值的高低，影响对项目效益的判断。影子汇率换算系数越高，外汇的影子价格越高，产品是可外贸货物的项目效益较高，评价结论会有利于出口方案。相反，对引进投入物的项目而言其费用会较高，评价结论会不利于引进方案。

### （三）影子工资

国民经济评价中，影子工资是项目使用劳动力的费用。影子工资一般通过影子工资换算系数计算。影子工资换算系数是影子工资与财务分析中劳动力的工资之比。技术性工作的劳动力的工资报酬一般由市场供求决定，影子工资换算系数一般取值为1，即影子工资可等同于财务分析中使用的工资。根据我国非技术劳动力就业状况，非技术劳动力的影子工资换算系数为0.25～0.8。具体可根据当地的非技术劳动力供求状况确定。非技术劳动力较为富余的地区可取较低值，不太富余的地区可取较高值，中间状况可取0.5。

### （四）影子价格

影子价格是项目国民经济评价时专用的计算价格，进行项目经济分析时，项目的主要投入物和产出物原则上应采用影子价格。影子价格反映项目的投入物和产出物的真实经济价值、市场供求关系、资源稀缺程度和资源合理配置的要求。影子价格理论最初来自求解数学规划，在求解一个"目标"最大化数学规划的过程中，发现每种"资源"对于"目标"都有着不同的边际贡献。这种"资源"对于目标的边际贡献被定义为"资源"的影子价格。影子价格从理论上说，就是在资源最优配置的生产组织条件下，市场供给和需求达到均衡时产品和投入资源的价格，它只有在完全竞争的市场中才能实现。

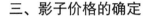

### 三、影子价格的确定

#### (一) 具有市场价格的货物 (或服务) 的影子价格

1. 可外贸货物的影子价格

项目使用或生产可外贸货物，将直接或间接影响国家对这种货物的进口或出口。原则上，对于那些对进出口有不同影响的货物，应当根据不同情况，采取不同的影子价格定价。为了简化工作，可以只对项目投入物中直接进口和产出物中直接出口的部分采用进出口价格测定影子价格。对于其他几种情况，仍按国内市场价格定价。

进口费用和出口费用是指货物进出口环节在国内所发生的各种相关费用，包括货物的交易、储运、再包装、短距离倒运、装卸、保险、检验等环节上的费用支出，也包括物流环节中的损失、损耗以及资金占用的机会成本，还包括工厂与口岸之间的长途运输费用。进口费用和出口费用应采用影子价格估值，用人民币计价。

2. 非外贸货物的影子价格

对价格完全取决于市场且不直接进出口的项目投入物和产出物，按照非外贸货物定价，以其国内市场价格作为确定影子价格的基础。

#### (二) 不具有市场价格的货物 (或服务) 的影子价格的计算

某些项目的产出效果没有市场价格，或市场价格不能反映其经济价值，特别是对于项目的外部效果往往很难有实际价格计量。对于这种情况，应遵循消费者支付意愿和 (或) 接受补偿意愿的原则，采取以下两种方法测算影子价格：

(1) 根据消费者支付意愿的原则，通过其他相关市场信号，按照"显示偏好"的方法，寻找揭示这些影响的隐含价值，间接估算产出效果的影子价格。如项目的外部效果导致关联对象产出水平或成本费用的变动，通过对这些变动进行客观量化分析，作为对项目外部效果进行量化的依据。

(2) 按照"陈述偏好"的意愿调查方法，分析调查对象的支付意愿或接受补偿意愿，通过推断，间接估算产出效果的影子价格。

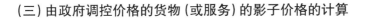

## (三) 由政府调控价格的货物 (或服务) 的影子价格的计算

我国还有少部分产品 (或服务)，如电、水和铁路运输等，不完全由市场机制决定价格，而是由政府调控价格。政府调控价格包括：政府定价、指导价、最高限价、最低限价等。这些产品 (或服务) 的价格不能完全反映其真实的经济价值。在国民经济评价中，往往需要采取特殊的方法测定这些产品 (或服务) 的影子价格，包括成本分解法、支付意愿法和机会成本法。

1. 成本分解法

成本分解法是确定非外贸货物影子价格的一种重要方法，其通过对某种货物的边际成本 (实践中往往采取平均成本) 进行分解并用影子价格进行调整换算，得到该货物的分解成本。具体步骤如下：

(1) 列出该非外贸货物按生产费用要素计算的单位财务成本，主要有原材料、燃料和动力、工资、折旧费、修理费、流动资金利息支出以及其他支出，对其中重要的原材料、燃料和动力要详细列出价格、耗用量和耗用金额；列出单位货物所占用的固定资产原值，以及占用的流动资金数额；调查确定或设定该货物生产厂的建设期、建设期各年投资比例、经济寿命期限及寿命期终了时的固定资产余值。

(2) 确定重要原材料、燃料和动力、工资等投入物的影子价格，计算单位经济费用。

(3) 对建设投资进行调整和等值计算。按照建设期各年投资比例，计算出建设期各年建设投资额，把分年建设投资额换算到生产期初。

2. 支付意愿法

支付意愿是指消费者为获得某种商品 (或服务) 所愿意付出的价格。在国民经济评价中，常常采用消费者支付意愿法测定影子价格。在完善的市场中，市场价格可以正确地反映消费者的支付意愿。但在不完善的市场中，消费者的行为有可能被错误地引导，因此市场价格也可能不能够正确地反映消费者的支付意愿。

3. 机会成本法

机会成本是指用于拟建项目的某种资源若改用于其他替代机会，在所有其他替代机会中所能获得的最大经济效益。例如，资金是一种资源，在各

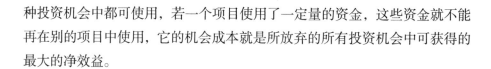

种投资机会中都可使用，若一个项目使用了一定量的资金，这些资金就不能再在别的项目中使用，它的机会成本就是所放弃的所有投资机会中可获得的最大的净效益。

**(四) 特殊投入物影子价格的计算**

项目的特殊投入物主要包括劳动力、土地、自然资源及时间，其影子价格需要采取特定的方法确定。

1. 劳动力的影子价格——影子工资

劳动力是一种资源，项目使用了劳动力，社会就要为此付出代价，经济分析中用影子工资来表示这种代价。其包括劳动力的机会成本和劳动力转移而引起的新增资源消耗。

劳动力机会成本是拟建项目占用的劳动力由于在本项目使用而不能再用于其他地方或享受闲暇时间而被迫放弃的价值，应根据项目所在地的人力资源市场及就业状况、劳动力来源以及技术熟练程度等方面分析确定。技术熟练程度要求高的、稀缺的劳动力，其机会成本高，反之机会成本低。劳动力的机会成本是影子工资的主要组成部分。

新增资源消耗是指劳动力在本项目新就业或由原来的岗位转移到本项目而发生的经济资源消耗，包括迁移费及新增的城市交通、城市基础设施配套等相关投资和费用。

2. 土地的影子价格

土地是一种稀缺资源，项目使用的土地无论实际是否需要支付费用，都应根据机会成本或消费者支付意愿计算土地的影子价格。土地的地理位置对土地的机会成本或消费者的支付意愿影响很大，是影响土地的影子价格的关键因素。

项目占用住宅区、休闲区等非生产性用地，市场完善的，应根据市场交易价格作为土地的影子价格；市场不完善或无市场交易价格的，应按消费者的支付意愿确定土地的影子价格。

项目占用生产性用地，主要是指农业、林业、牧业、渔业及其他生产性用地，按照这些生产用地的机会成本及因改变土地用途而发生的新增资源消耗进行计算。土地的影子价格由土地机会成本和新增资源消耗构成。

土地机会成本按照项目占用土地而使社会成员由此损失的该土地"最佳可行替代用途"的净效益计算。通常该净效益应按影子价格重新计算，并用项目计算期各年净效益的现值表示。土地机会成本的计算过程中应适当考虑净效益的递增速度及净效益计算基年距项目开工年的年数。

其他资源耗费计算。土地平整等开发成本通常应计入工程建设投资中，在土地影子费用估算中不再重复计算。

在实际的项目评价中，土地的影子价格可以从财务分析中土地的征地费用出发，进行调整计算。由于各地土地征收的费用标准不完全相同，在国民经济评价中须注意项目所在地区征地费用的标准和范围。

一般情况下，项目的实际征地费用可以划分为三个部分，分别按照不同的方法调整：

（1）属于机会成本性质的费用，如土地补偿费、青苗补偿费等，按照机会成本计算方法调整计算。

（2）属于新增资源消耗的费用，如征地动迁费、安置补助费和地上附着物补偿费等，按影子价格计算。

（3）属于转移支付的费用主要是政府征收的税费，如耕地占用税、土地复耕费、新菜地开发建设基金等，不应列入土地经济费用。

3. 自然资源的影子价格

各种有限的自然资源也被归类为特殊投入物。该资源的市场价格不能反映其经济价值，或者项目并未支付费用，该代价应该用表示该资源经济价值的影子价格表示，而不是市场价格。不可再生资源的影子价格应当按该资源用于其他用途的机会成本计算，可再生资源的影子价格可以按资源再生费用计算。为方便测算，自然资源的影子价格也可以通过投入物替代方案的费用确定。

4. 时间节约价值的估算

交通运输等项目，其效果可以表现为时间的节约，需要计算时间节约的经济价值。应按照有无对比的原则分析"有项目"和"无项目"情况下的时间耗费情况，区分不同人群、货物，根据项目的具体特点分别测算人们出行时间节约和货物运送时间节约的经济价值。

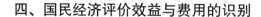

### 四、国民经济评价效益与费用的识别

#### (一) 经济效益与费用识别的基本要求

在经济费用效益分析中，应尽可能全面地识别建设项目的经济效益和费用，并需要注意以下五点：

（1）对项目涉及的所有社会成员的有关费用和效益进行识别和计算，全面分析项目投资及运营活动耗用资源的真实价值，以及项目为社会成员福利的实际增加所做出的贡献。

①分析体现在项目实体本身的直接费用和效益，以及项目引起的其他组织、机构或个人发生的各种外部费用和效益。

②分析项目的近期影响，以及项目可能带来的中期、远期影响。

③分析与项目主要目标直接联系的直接费用和效益，以及各种间接费用和效益。

④分析具有物资载体的有形费用和效益，以及各种无形费用和效益。

（2）效益和费用的识别遵循以下原则。

①增量分析的原则。项目经济费用效益分析应建立在增量效益和增量费用识别和计算的基础之上，不应考虑沉没成本和已实现的效益，应按照"有无对比"增量分析的原则，通过项目的实施效果与无项目情况下可能发生的情况进行对比分析，作为计算机会成本或增量效益的依据。

②考虑关联效果原则。应考虑项目投资可能产生的其他关联效应。

③以本国居民作为分析对象的原则。对于跨越国界，对本国之外的其他社会成员产生影响的项目，应重点分析对本国公民新增的效益和费用。项目对本国以外的社会群体所产生的效果，应进行单独陈述。

④剔除转移支付的原则。转移支付代表购买力的转移行为，接受转移支付的一方所获得的效益与付出方所产生的费用相等，转移支付行为本身没有导致新增资源的发生。在经济费用效益分析中，税赋、补贴、借款和利息属于转移支付。一般在进行经济费用效益分析时，不得再计算转移支付的影响。

（3）一些税收和补贴可能会影响市场价格水平，导致税收和补贴的财务

价格可能并不反映真实的经济成本和效益。在进行经济费用效益分析中，转移支付的处理应区别对待。

①剔除企业所得税或补贴对财务价格的影响。

②一些税收、补贴或罚款往往是用于校正项目"外部效果"的一种重要手段，这类转移支付不可剔除，可以用于计算外部效果。

③项目投入与产出中流转税应具体问题具体处理。

（4）项目费用与效益识别的时间范围应足以包含项目所产生的全部重要费用和效益，而不应仅根据有关财务核算规定确定。例如财务分析的计算期可根据投资各方的合作期进行计算，而经济费用效益分析不受此限制。

（5）应对项目外部效果的识别是否适当进行评估，防止漏算或重复计算。对于项目的投入或产出可能产生的第二级乘数波及效应，在经济费用效益分析中一般不予考虑。

### （二）直接效益、直接费用与转移支付

1. 直接效益

项目直接效益是指由项目产出物产生的并在项目范围内计算的经济效益，一般表现为项目为社会生产提供的物质产品、科技文化成果和各种服务所产生的效益。例如，工业项目生产的产品、矿产开采项目开采的矿产品、邮电通信项目提供的邮电通信服务等满足社会需求的效益；运输项目提供的运输服务满足人流物流需要、节约时间的效益。项目直接效益有多种表现，如项目产出物用于满足国内新增加的需求时，项目直接效益表现为国内新增需求的支付意愿；项目的产出物用于替代其他厂商的产品或服务，使被替代厂商减产或停产，从而使其他厂商耗用的社会资源得到节省，项目直接效益表现为这些资源的节省；项目的产出物直接出口或者可替代进口商品导致进口减少时，项目直接效益表现为国家外汇收入的增加或支出的减少。

2. 直接费用

项目直接费用是指项目使用投入物所产生并在项目范围内计算的经济费用，一般表现为投入项目的各种物料、人工、资金、技术以及自然资源而带来的社会资源的消耗。项目直接费用也有多种表现，如社会扩大生产规模用以满足项目对投入物的需求时，项目直接费用表现为社会扩大生产规模所

增加耗用的社会资源价值；社会不能增加供给，导致其他人被迫放弃使用这些资源来满足项目的需要时，项目直接费用表现为社会因其他人被迫放弃使用这些资源而损失的效益；项目的投入物导致进口增加或减少出口时，项目直接费用表现为国家外汇支出的增加或外汇收入的减少。

3. 转移支付

项目的有些财务收入和支出是社会经济内部成员之间的转移支付，即接受方所获得的效益和付出方所发生的费用相等。从社会经济角度看，其并没有造成资源的实际增加或减少，不应计作经济效益或费用。在经济分析中，项目的转移支付主要包括：项目（企业）向政府缴纳的大部分税费（除体现资源补偿和环境补偿的税费外）、政府给予项目（企业）的各种补贴、项目向国内银行等金融机构支付的贷款利息和获得的存款利息。

### （三）间接效益与间接费用

在经济分析中应关注项目的外部性，对项目产生的外部效果进行识别，习惯上把外部效果称为间接效益和间接费用。间接效益和间接费用是由项目的外部性所导致的项目对外部的影响，而项目本身并未因此实际获得收入或支付费用。间接效益是指由项目引起，在直接效益中没有得到反映的效益，如项目使用的非技术劳动力经训练转变为技术劳动力，再如技术扩散的效益等。间接费用是指由项目引起而在项目的直接费用中没有得到反映的费用，如项目对自然环境造成损害、项目产品大量出口从而引起该种产品出口价格下降等。

项目的间接效益和间接费用的识别通常可以考察以下四个方面。

1. 环境及生态影响效果

有些项目会对自然环境产生污染，对生态环境造成破坏。项目造成的环境污染和生态破坏，是项目的一种间接费用。这种间接费用一般较难定量计算，可按同类企业所造成的损失估计，或按恢复环境质量所需的费用估算。环境治理项目会对环境产生好的影响，评价中应考虑相应的效益。环境和生态影响不能定量计算，应做定性描述。

2. 技术扩散效果

一个技术先进项目的实施，由于技术人员的流动，技术在社会上扩散和推广，会使整个社会受益。但这类外部效果通常难以定量计算，一般只做定性说明。

3.上、下游企业相邻效果

项目的上游企业是指为该项目提供原材料或半成品的企业，项目的实施可能会刺激这些上游企业得到发展，增加新的生产能力或使原有生产能力得到更充分的利用。例如，兴建汽车厂会对为汽车厂生产零部件的企业及钢铁生产企业产生刺激。项目的下游企业是指使用项目的产出物作为原材料或半成品的企业，项目的产出物可能会对下游企业的经济效益产生影响，使其闲置的生产能力得到充分利用，或使其节约生产成本。

4.乘数效果

乘数效果是指项目的实施使原来闲置的资源得到利用，从而产生一系列连锁反应，刺激某一地区或全国的经济发展。例如，兴建汽车厂会带动零部件厂发展，带动各种金属材料和非金属材料生产的发展，进而带动机床生产、能源生产的发展等。在对经济落后地区的项目进行经济分析时可能会需要考虑这种乘数效果，特别应注意选择乘数效果大的项目作为扶贫项目，但须注意不宜连续扩展计算乘数效果。如果拟同时对该项目进行经济影响分析，该乘数效果可以在经济影响分析中体现。

识别计算项目的外部效果不能重复计算。已经在直接效益和直接费用中计算的不应再在外部效果中计算。还要注意所考虑的外部效果是否确应归于所评价的项目。考虑外部效果时，要避免发生重复计算和虚假扩大项目间接效益。如果项目产出物以影子价格计算的效益已经将部分外部效果考虑在内了，就不应再计算该部分外部效果；项目的投入物影子价格大多数已合理考虑了投入物的社会成本，不应再重复计算间接的上游效益。有些间接效益能否完全归属所评价的项目，往往也是需要仔细论证的。比如，一个地区的经济发展制约因素往往不止一个，可能有能源、交通运输、通信等，瓶颈环节有多个，不能简单地归于某一个项目。在评价交通运输项目时，要考虑到其他瓶颈制约因素对当地经济发展的影响，不能把当地经济增长都归因于项目带来的运力增加。

## 五、国民经济评价的报表

国民经济评价的报表主要包括：项目投资经济费用效益流量表、经济费用效益分析投资费用估算调整表、经济费用效益分析经营费用估算调整表、项目直接效益估算调整表、项目间接费用估算表、项目间接效益估算表。项目投资经济费用效益流量表用来综合反映项目计算期内各年的按项目投资口径计算的各项经济效益与费用流量及净效益流量，并可用来计算项目投资经济净现值和经济内部收益率指标。

### (一) 直接进行效益和费用流量的识别和计算，并编制经济费用效益分析报表

（1）分析确定经济效益、费用的计算范围，包括直接效益、直接费用和间接效益、间接费用。

（2）测算各项投入物和产出物的影子价格，对各项产出效益和投入费用进行估算。

（3）根据估算的效益和费用流量，编制项目投资经济费用效益流量表。

（4）对能够货币量化的外部效果，尽可能货币量化，并纳入经济效益费用流量表的间接费用和间接效益；对难以进行货币量化的产出效果，应尽可能采用其他量纲进行量化，确实难以量化的应进行定性描述。

### (二) 在财务分析的基础上调整编制经济分析报表

1. 调整内容

在财务分析的基础上编制经济分析报表，主要包括效益和费用范围调整、效益和费用数值调整两个方面的内容。

（1）效益和费用范围调整。识别财务现金流量中属于转移支付的内容，并逐项从财务效益和费用流量中剔除。作为财务现金流入的国家对项目的各种补贴，应看作转移支付，不计为经济效益流量；作为财务现金流出的项目向国家支付的大部分税金也应看作转移支付，不计为经济费用流量；国内借款利息（包括建设期利息和生产期利息）以及流动资金中的部分构成，在经济分析中都应当作转移支付，不再作为项目的费用流量。因为经济分析效益

与费用的估算遵循实际价值原则，不考虑通货膨胀因素，因此建设投资中包含的涨价预备费通常要从财务费用流量中剔除。财务分析中的流动资产和流动负债包括现金、应收账款和应付账款等，但这些并不实际消耗资源，因此经济分析中调整估算流动资金时应将其剔除。识别项目的外部效果，将之分别纳入效益和费用流量。根据项目的具体情况估算项目的间接效益和间接费用，将之纳入经济效益费用流量表。

（2）效益和费用数值调整。鉴别投入物和产出物的财务价格是否能正确反映其经济价值。如果项目的全部或部分投入和产出没有正常的市场交易价格，那么应该采用适当的方法测算其影子价格，并重新计算相应的费用或效益流量。投入物和产出物中涉及外汇的，需要用影子汇率代替财务分析中采用的国家外汇牌价。对项目的外部效果，要尽可能货币量化计算。

2. 调整方法

（1）调整直接效益流量。一般而言，项目的直接效益大多为营业收入，这时需要采用适当的影子价格计算产出物的营业收入。而对出口产品来说，则用影子汇率计算其外汇价值。某些类型项目的直接效益比较复杂，且在财务效益中可能未得到反映，可视具体情况采用不同方式分别估算。例如，交通运输项目的直接效益体现为时间节约的效果，可按时间节约价值的估算方法估算。交通运输项目还可能有运输成本节约的效益、运输质量提高的效益（包括旅客舒适度提高、交通事故减少、安全性提高）等，需结合项目的具体情况计算。水利枢纽项目的直接效益体现为防洪效益、减淤效益和发电效益等，可按照行业规定和项目具体情况分别估算。

（2）调整建设投资。将建设投资中的涨价预备费从费用流量中剔除，建设投资中的劳动力按影子工资计算费用，土地费用按土地的影子价格调整，其他投入可根据情况决定是否调整。有进口用汇的应按影子汇率换算，并剔除作为转移支付的进口关税和进口环节增值税。

（3）调整建设期利息。国内借款的建设期利息不作为费用流量，来自国外的外汇贷款利息需按影子汇率换算，用于计算国外资金流量。

（4）调整经营费用。经营费用可采取以下方式调整计算：对需要采用影子价格的投入物，用影子价格重新计算；对一般投资项目，人工工资可不予调整，即取影子工资换算系数为1；人工工资用外币计算的，应按影子汇率

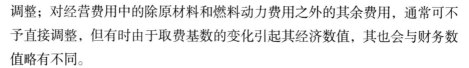

调整；对经营费用中的除原材料和燃料动力费用之外的其余费用，通常可不予直接调整，但有时由于取费基数的变化引起其经济数值，其也会与财务数值略有不同。

（5）调整流动资金。如果财务分析中流动资金是采用扩大指标法估算的，经济分析中可仍按扩大指标法估算，但需要将计算基数调整为以影子价格计算的营业收入或经营费用，再乘以相应的系数估算。如果财务分析中流动资金是按分项详细估算法估算的，在剔除了现金、应收账款和应付账款后，剩余的存货部分要用影子价格重新分项估算。

（6）成本费用中的其他科目一般可不予调整。

（7）在以上各项的基础上，编制项目经济费用效益分析投资费用估算调整表。

# 第三章 建设项目竣工结算与决算管理

## 第一节 建设项目竣工验收

### 一、建设项目竣工验收的概念

#### (一) 建设项目竣工验收的含义

建设项目竣工验收是指由发包人、承包人和项目验收委员会,以项目批准的设计任务书和设计文件,以及国家或有关部门颁发的施工验收规范和质量检验标准为依据,按照一定的程序和手续,在项目建成并试生产合格后(工业生产性项目),对工程项目的总体进行检验和认证、综合评价和鉴定的活动。按照我国建设程序的规定,竣工验收是建设工程的最后阶段,是全面检验建设项目是否符合设计要求和工程质量检验标准的重要环节,是审查投资使用是否合理的重要环节,是投资成果转入生产或使用的标志。只有经过竣工验收,建设项目才能实现由承包人管理向发包人管理的过渡,它标志着建设投资成果投入生产或使用,对促进建设项目及时投产或交付使用,发挥投资效果,总结建设经验有着重要的作用。通常来讲,对于工业生产项目,须经试生产(投料试车)合格,形成生产能力,能正常生产出产品后,才能进行验收;对于非工业生产项目,应能正常使用,才能进行验收。

建设项目竣工验收按被验收的对象划分为单位工程竣工验收、单项工程竣工验收及工程整体竣工验收。通常所说的建设项目竣工验收,指的是工程整体竣工验收,是指发包人在建设项目按批准的设计文件所规定的内容全部建成后,向使用单位交工的过程。其验收程序是:整个建设项目按设计要求全部建成,经过第一阶段的交工验收,符合设计要求,并具备竣工图、竣工结算、竣工决算等必要的文件资料后,由建设项目主管部门或发包人按照国家有关部门关于《建设项目竣工验收办法》的规定,及时向负责验收的单位提出竣工验收申请报告，按现行验收组织规定，接受由银行、物资、环保、劳动、统计、消防及其他有关部门组成的验收委员会或验收组的验收，办理固定资产移交手续。验收委员会或验收组负责建设项目的竣工验收工作，听取有关单位的工作报告，审阅工程技术档案资料，并实地查验建筑工程和设备安装情况，对工程设计、施工和设备质量等方面提出全面的评价。

### (二) 建设项目竣工验收的作用

(1) 全面考核建设成果，检查设计、工程质量是否符合要求，确保建设项目按设计要求的各项技术经济指标正常使用。

(2) 通过竣工验收办理固定资产使用手续，可以总结工程建设经验，为提高建设项目的经济效益和管理水平提供重要的依据。

(3) 建设项目竣工验收是项目施工实施阶段的最后一个程序，是建设成果转入生产使用的标志，是审查投资使用是否合理的重要环节。

(4) 建设项目建成投产交付使用后，能否取得良好的宏观效益，需要经过国家权威管理部门按照技术规范、技术标准组织验收确认。通过建设项目验收，国家可以全面考核项目的建设成果，检验建设项目决策、设计、设备制造和管理水平，以及总结建设经验。因此，竣工验收是建设项目转入投产使用的必要环节。

### (三) 建设项目竣工验收的依据

建设项目竣工验收的主要依据包括以下几方面：

(1) 国家、省、自治区、直辖市和国务院有关部委建设主管部门颁布的法律法规，现行的施工技术验收标准及技术规范、质量标准等有关规定。

(2) 审批部门批准的可行性研究报告、初步设计、实施方案、施工图纸和设备技术说明书。

(3) 施工图设计文件及设计变更洽商记录。

(4) 工程承包合同文件。

(5) 技术设备说明书。

(6) 建筑安装工程统计规定及主管部门关于工程竣工的规定。

(7) 从国外引进的新技术和成套设备的项目，以及中外合资建设项目，要按照签订的合同和进口国提供的设计文件等资料进行验收。

（8）利用世界银行等国际金融机构贷款的建设项目，应按世界银行的规定，按时编制项目完成报告。

## 二、建设项目竣工验收的条件

建设工程竣工验收应当具备以下条件：

（1）完成建设工程设计和合同约定的各项内容，并满足使用要求，具体包括：

①民用建筑工程完工后，承包人按照施工及验收规范和质量检验标准进行自验，不合格品应自行返修或整改，达到验收标准。水、电、暖、设备、智能化，电梯经过试验，符合使用要求。

②生产性工程，辅助设施及生活设施，按合同约定全部施工完毕，室内工程和室外工程全部完成，建筑物、构筑物周围 2m 以内的场地平整，障碍物已清除，给水排水、动力，照明，通信畅通，达到竣工条件。

③工业项目的各种管道设备、电气、空调、仪表、通信等专业施工内容已全部安装结束，已做完清洁、试压，油漆、保温等经过试运转，全部符合工业设备安装施工及验收规范和质量标准的要求。

④其他专业工程按照合同的规定和施工图规定的工程内容全部施工完毕，已达到相关专业技术标准，质量验收合格，达到了交工的条件。

⑤有完整的技术档案和施工管理资料。

（2）有工程使用的主要建筑材料。

（3）有建筑构配件和设备的进场试验报告。

（4）有勘察、设计、施工、工程监理等单位分别签署的质量合格文件。

（5）发包人已按合同约定支付工程款。

（6）有承包人签署的工程质量保修书。

（7）在建设行政主管部门及工程质量监督部门等有关部门的历次抽查中，责令整改的问题全部整改完毕。

（8）工程项目前期审批手续齐全，主体工程、辅助工程和公用设施已按批准的设计文件要求建成。

（9）国外引进项目或设备应按合同要求完成负荷调试考核，并达到规定

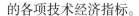

的各项技术经济指标。

（10）建设项目基本符合竣工验收标准，但有部分零星工程和少数尾工未按设计规定的内容全部建成，而且不影响正常生产和使用，也应组织竣工验收。对剩余工程应按设计留足投资。

建设单位组织竣工验收，应当对民用建筑是否符合民用建筑节能强制性标准进行查验；对不符合民用建筑节能强制性标准的，不得出具竣工验收合格报告。新建、改建、扩建和进行节能改造的民用建筑在获得建筑工程施工许可证后30天内至工程竣工验收合格期间，在施工现场要公示建筑节能信息。建筑所有权人或使用人或实施改造的单位应采购具有产品合格证和计量检定证书的温度监测和控制设施，并进行调试。改造完成后应进行竣工验收。建筑节能工程为单位建筑工程的一个分部工程。单位工程竣工验收应在建筑节能分部工程验收合格后进行。

### 三、建设项目竣工验收的标准

#### （一）工业建设项目竣工验收标准

根据国家规定，工业建设项目竣工验收、交付生产使用，必须满足以下要求：

（1）生产性项目和辅助性公用设施已按设计要求完成，能满足生产使用要求。

（2）主要工艺设备、动力设备均已安装配套，经负荷联动试车和有负荷联动试车合格，并已形成生产能力，能够生产出设计文件所规定的产品。

（3）必要的生产设施已按设计要求建成。

（4）生产准备工作能适应投产的需要，其中包括生产指挥系统的建立，经过培训的生产人员已能上岗操作，生产所需的原材料、燃料和备品备件的储备，经验收检查能够满足连续生产要求。

（5）环境保护设施、劳动安全卫生设施、消防设施已按设计要求与主体工程同时建成使用。

（6）生产性投资项目（如工业项目的土建工程、安装工程、人防工程、管道工程、通信工程等）的施工和竣工验收，必须按照国家批准的《中华人

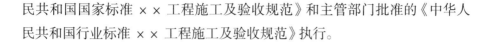

民共和国国家标准 ×× 工程施工及验收规范》和主管部门批准的《中华人民共和国行业标准 ×× 工程施工及验收规范》执行。

### （二）民用建设项目竣工验收标准

（1）建设项目各单位工程和单项工程均已符合项目竣工验收标准。

（2）建设项目配套工程和附属工程均已施工结束，达到设计规定的相应质量要求，并具备正常使用条件。

值得强调的是，凡有以下情况之一者，不能进行竣工验收：施工企业没有组织自检或自检不合格者，不能进行竣工验收；房屋建筑工程已全部完成且具备了使用条件，但被施工单位临时占用还未腾出者，不能进行竣工验收；房屋建筑工程已经完成，但由房屋建筑承包单位承担的室外管线还未完成，而不能正常使用者，不得进行竣工验收；房屋建筑工程已经完成，但与其直接配套的变电室、锅炉房尚未完成而不能正常使用者，不得进行竣工验收；对于工业或科研性建筑工程，若因安装机器设备或工艺管道而致地面或主装修部分尚未完成者，或主建筑的附属部分（如生活间，控制室等）尚未完成者，不得进行竣工验收。

## 四、建设项目竣工验收的内容

建设项目竣工验收的内容一般分为工程资料验收和工程质量验收两大部分。

### （一）工程资料验收

工程资料是建设项目竣工验收和质量保证的重要依据之一，主要包括工程技术资料、工程财务资料和工程综合资料。施工单位应按合同要求提供全套竣工验收所必需的工程资料，经监理工程师审查符合合同要求及国家有关规定，且在准确、完整、真实的条件下，监理工程师方可签署同意竣工验收的意见。

1. 工程技术资料验收的内容

（1）工程地质、水文、气象、地形、地貌、建筑物、构筑物及重要设备安装位置、勘察报告、记录。

（2）初步设计、技术设计或扩大初步设计、关键的技术试验，总体规划设计。

（3）土质试验报告、基础处理。

（4）建筑工程施工记录、单位工程质量检验记录、管线强度、密封性试验报告、设备及管线安装施工记录及质量检查、仪表安装施工记录。

（5）设备试车、验收运转、维修记录。

（6）产品的技术参数、性能、图纸、工艺说明、工艺规程、技术总结、产品检验、包装、工艺图。

（7）设备的图纸、说明书。

（8）涉外合同、谈判协议、意向书。

（9）各单项工程及全部管网竣工图等资料。

2. 工程财务资料验收的内容

（1）历年建设资金供应（拨、贷）情况和应用情况。

（2）历年批准的年度财务决算。

（3）历年年度投资计划、财务收支计划。

（4）建设成本资料。

（5）支付使用的财务资料。

（6）设计概算、预算资料。

（7）竣工决算资料。

3. 工程综合资料验收的内容

（1）项目建议书及批件，可行性研究报告及批件，项目评估报告，环境影响评估报告书，设计任务书。

（2）土地征用申报及批准的文件，承包合同，招投标及合同文件，施工执照，项目竣工验收报告以及验收鉴定书。

### (二) 工程质量验收

为确保工程质量符合安全和使用功能的基本要求，不仅要审查项目的完成情况，还要审查项目的完成质量和使用功能的质量，验收内容主要包括建筑工程验收和安装工程验收。

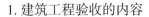

1.建筑工程验收的内容

建筑工程验收主要是运用有关资料进行审查验收,内容包括以下六个方面:

(1)建筑物的位置、标高、轴线是否符合设计要求。

(2)对基础工程中的土石方工程、垫层工程、砌筑工程等资料的审查验收。

(3)对结构工程中的砖木结构、砖混结构、内浇外砌结构、钢筋混凝土结构的审查验收。

(4)对屋面工程的屋面瓦、保温层、防水层等的审查验收。

(5)对门窗工程的审查验收。

(6)对装饰工程(如抹灰、油漆等工程)的审查验收。

2.安装工程验收的内容

安装工程验收分为建筑设备安装工程验收、工艺设备安装工程验收和动力设备安装工程验收。

(1)建筑设备安装工程(指民用建筑物中的上下水管道,暖气,天然气或煤气,通风、电气照明等安装工程)验收,验收时应检查这些设备的规格、型号、数量、质量是否符合设计要求,检查安装时的材料、材质、材种、检查试压、闭水试验、照明。

(2)工艺设备安装工程验收包括生产、起重、传动、实验等设备的安装,以及附属管线敷设和油漆、保温等。验收时应检查设备的规格、型号、数量、质量、设备安装的位置、标高、机座尺寸、质量、单机试车、无负荷联动试车、有负荷联动试车是否符合设计要求,检查管道的焊接质量、洗清、吹扫、试压、试漏、油漆、保温等及各种阀门。

(3)动力设备安装工程验收是指有自备电厂的项目验收,或变配电室(所)、动力配电线路的验收。

**五、建设项目竣工验收的程序**

当工程项目规模较小或较简单时,可一次性完成全部项目的竣工验收;规模较大或较复杂的项目,可分交工验收、动用验收两个阶段。

### (一) 交工验收

交工验收亦称初步验收，是指一个总体建设项目中，一个单项工程 (或一个车间) 已按设计规定的内容建完，能满足生产要求或具备使用条件，且施工单位已经预验、监理工程师已经现场初验后，施工单位提出交工通知，由建设单位组织施工，设计等单位共同验收。在交工验收中，应按试车规程进行单机试车、无负荷联动试车及负荷联动试车。验收合格后，建设单位与施工单位签订《交工验收证书》。如发现有需要返工、补修的工程，要明确规定完成期限。验收通过后，由建设单位报主管部门批准进行生产或使用。验收合格的单项工程，在动用验收时，原则上不再办理验收手续。

待工程检查验收完毕，施工单位要向建设单位逐项办理工程移交手续和各项资产移交手续，签交接验收证书，还应办理工程结算手续。工程结算手续一旦办理完毕，合同双方除施工单位在规定的保修期内，因工程质量原因造成的问题，负责保修外，建设单位与施工单位双方的经济关系和法律责任即告解除。

### (二) 动用验收

动用验收亦称全部验收，是指整个建设项目按设计规定全部建设完成，达到竣工验收标准，施工单位预验通过，监理工程师初验认可，经过第一阶段的交工验收，符合设计要求，并具备必要的文件资料后，由建设单位或建设项目主管部门向负责验收的单位提出竣工验收申请报告。按现行验收组织规定，接受由银行、物资、环保、劳动、统计、消防及其他有关部门组成的验收委员会 (小组) 验收，办理固定资产移交手续。建设主管部门或建设单位、接管单位、施工单位、勘察设计及工程监理等有关单位也应参加验收工作。

## 六、建设项目竣工验收的方式

### (一) 单位工程竣工验收

单位工程验收又称中间验收，是指承包人以单位工程或某专业工程为对象，独立签订建设工程施工合同，达到竣工条件后，承包人可单独进行交工，发包人根据竣工验收的依据和标准，按施工合同约定的工程内容组织竣工验收。这阶段工作由监理单位组织，发包人和承包人派人参加验收工作，单位工程验收资料是最终验收的依据。

### (二) 单项工程竣工验收

单项工程竣工验收又称交工验收，是指在一个总体建设项目中，一个单项工程已完成设计图纸规定的工程内容，能满足生产要求或具备使用条件，承包人向监理单位提交工程竣工报告和工程竣工报验单，经签认后向发包人发出交付竣工验收通知书，说明工程完工情况，竣工验收准备情况，设备无负荷单机试车情况，具体约定单项工程竣工验收的有关工作。

这阶段工作由发包人组织，由监理单位、设计单位、承包人、工程质量监督站等参加，主要依据国家颁布的有关技术规范和施工承包合同，对以下六个方面进行检查或检验：

(1) 检查、核实竣工项目准备移交给发包人的所有技术资料的完整性、准确性。

(2) 按照设计文件和合同，检查已完工程是否有漏项。

(3) 检查工程质量、隐蔽工程验收资料及关键部位的施工记录等，考察施工质量是否达到合同要求。

(4) 检查试车记录及试车中所发现的问题是否得到改正。

(5) 在交工验收中发现需要返工、修补的工程，明确规定完成期限。

(6) 其他涉及的有关问题。

验收合格后，发包人和承包人共同签署交工验收证书，然后由发包人将有关技术资料和试车记录、试车报告及交工验收报告一并上报主管部门，经批准后该部分工程即可投入使用。验收合格的单项工程，在全部工程验收时，原则上不再办理验收手续。

### (三) 工程整体竣工验收

工程整体竣工验收是指整个建设项目已按设计规定全部建成，达到竣工验收条件，由发包人组织设计、施工、监理等单位和档案部门进行全部工

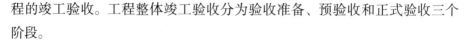

程的竣工验收。工程整体竣工验收分为验收准备、预验收和正式验收三个阶段。

1. 验收准备

发包人、承包人和其他有关单位均应进行验收准备。验收准备的主要工作内容包括以下八个方面：

（1）收集、整理各类技术资料，并分类装订成册。

（2）核实建筑安装工程的完成情况，列出已交工工程和未完工工程一览表，包括单位工程名称、工程量、预算估价以及预计完成时间等内容。

（3）提交财务决算分析。

（4）检查工程质量，查明须返工或补修的工程并提出具体的时间安排，预申报工程质量等级的评定，做好相关材料的准备工作。

（5）整理汇总项目档案资料，绘制工程竣工图。

（6）登载固定资产，编制固定资产构成分析表。

（7）落实生产准备各项工作，提出试车检查的情况报告，总结试车考评情况。

（8）编写竣工结算分析报告和竣工验收报告。

2. 预验收

建设项目竣工验收准备工作结束后，由发包人或上级主管部门会同监理单位、设计单位、承包人及有关单位或部门组成预验收组进行预验收。预验收的主要工作内容包括以下五个方面：

（1）核实竣工验收准备工作内容，确认竣工项目所有档案资料的完整性和准确性。

（2）检查项目建设标准，评定质量，对竣工验收准备过程中有争议的问题和有隐患及遗留问题提出处理意见。

（3）检查财务账表是否齐全并验证数据的真实性。

（4）检查试车情况和生产准备情况。

（5）编写竣工预验收报告和移交生产准备情况报告，在竣工预验收报告中应说明项目的概况，对验收过程进行阐述，对工程质量做出总体评价。

3. 正式验收

（1）正式验收的组织实施：①建设项目的正式竣工验收是由国家、地方

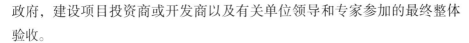

政府，建设项目投资商或开发商以及有关单位领导和专家参加的最终整体验收。

②大中型和限额以上的建设项目的正式验收，由国家投资主管部门或其委托项目主管部门或地方政府组织验收，一般由竣工验收委员会（或验收小组）主任（或组长）主持，具体工作可由总监理工程师组织实施。

③国家重点工程的大型建设项目，由国家有关部门邀请有关方面参加，组成工程验收委员会进行验收。

④小型和限额以下的建设项目由项目主管部门组织。发包人、监理单位、承包人、设计单位和使用单位共同参加验收工作。

（2）正式验收的工作内容：正式验收的主要工作内容包括以下八个方面：

①发包人、勘察设计单位分别汇报工程合同履约情况以及在工程建设各环节执行法律、法规与工程建设强制性标准的情况。

②听取承包人汇报建设项目的施工情况、自验情况和竣工情况。

③听取监理单位汇报建设项目监理内容和监理情况及对项目竣工的意见。

④组织竣工验收小组全体人员进行现场检查，了解项目现状，查验项目质量，及时发现存在和遗留的问题。

⑤审查竣工项目移交生产使用的各种档案资料。

⑥评审项目质量，对主要工程部位的施工质量进行复验、鉴定，对工程设计的先进性、合理性和经济性进行复验和鉴定，按设计要求和建筑安装工程施工的验收规范和质量标准进行质量评定验收。在确认工程符合竣工标准和合同条款规定后，签发竣工验收合格证书。

⑦审查试车规程，检查投产试车情况，核定收尾工程项目，对遗留问题提出处理意见。

⑧签署竣工验收鉴定书，对整个项目做出总的验收鉴定。

## 七、建设项目竣工验收的组织

### （一）建设项目竣工验收组织的构成

建设项目竣工验收组织应当根据建设工程的重要性、规模大小、隶属

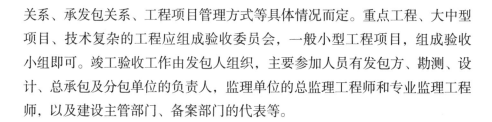

关系、承发包关系、工程项目管理方式等具体情况而定。重点工程、大中型项目、技术复杂的工程应组成验收委员会，一般小型工程项目，组成验收小组即可。竣工验收工作由发包人组织，主要参加人员有发包方、勘测、设计、总承包及分包单位的负责人，监理单位的总监理工程师和专业监理工程师，以及建设主管部门、备案部门的代表等。

**(二) 建设项目竣工验收组织的职责**

经建设项目竣工验收组织审查，确认工程达到竣工验收的各项条件，应形成竣工验收会议纪要和"工程竣工验收报告"。参加验收的各单位负责人应在报告上签字并加盖公章。竣工验收组织的具体职责是：听取各单位的情况报告，审查各种竣工资料，对工程质量进行评估、鉴定，形成工程竣工验收会议纪要，签署工程竣工验收报告，对遗留问题做出处理决定。

**(三) 建设项目竣工验收组织权限的划分**

(1) 大中型建设项目 (工程) 以及由国家批准的限额以上利用外资的项目 (工程)，由国家组织或委托有关部门组织验收，省建委应参与验收。

(2) 地方大中型建设项目 (工程)，由省级主管部门组织验收。

(3) 其他小型项目 (工程)，由地市级主管部门或建设单位组织验收。

# 第二节　建设项目竣工结算与决算

## 一、建设项目竣工结算

### (一) 建设项目竣工结算的含义

建设项目竣工结算是指由于施工过程中发生的工程变更和技术经济签证等，使工程预算或合同价款发生变化，对原来的工程预算或合同价款进行调整，最终确定工程造价的结算方式。建设项目经竣工验收合格，签署工程竣工验收报告，承发包双方应按国家有关规定进行工程价款的竣工结算。它是承包人向发包人进行最后一次工程价款的结算，也是建设项目竣工决算的基础。

　　一个单位工程或单项工程完工，并经建设单位及有关部门验收点交后，要办理工程竣工结算。竣工结算意味着承发包双方经济关系的最后结束，承发包双方的财务往来也须结清。竣工结算应根据工程竣工结算书和工程价款结算单账单进行。前者是承包方根据合同造价，设计变更增（减）项目和其他经济签证费用编制的确定工程最终造价的经济文件，表示向发包方应收的全部工程价款。后者是表示承包方已向发包方收取的工程价款，其中包括发包方供应的器材（填报时必须将未付给发包方的材料价款扣除），二者须由承包方在工程竣工验收合格后编制，送发包方审核，由承发包双方共同办理工程竣工结算手续，才能进行工程竣工结算。

### (二) 建设项目竣工结算的作用

　　（1）通过竣工结算可以确定企业的货币收入，补充施工企业在生产过程中的资金消耗。

　　（2）竣工结算是施工企业内部进行成本核算、确定工程实际成本的重要依据。

　　（3）竣工结算是建设单位编制竣工决算的主要依据。

　　（4）竣工结算是衡量企业管理水平的重要依据。

### (三) 编制建设项目竣工结算的依据

　　建设项目竣工结算由承包人编制，发包人审查或委托工程造价咨询单位审核，承包人和发包人最终确定工程价款。编制建设项目竣工结算应依据下列资料：

　　（1）施工合同。

　　（2）中标投标书的报价单。

　　（3）施工图及设计变更通知单、施工变更记录、技术经济签证。

　　（4）工程预算定额、取费定额及调价规定。

　　（5）有关施工技术资料。

　　（6）工程竣工验收报告。

　　（7）工程质量保修书。

（8）其他有关资料。

承包人尤其是项目经理部在编制建设项目竣工结算时，应注意收集、整理有关结算资料。

### （四）建设项目竣工结算的有关规定

建设部和国家工商行政管理局制定的《建设工程施工合同（示范文本）》通用条款对竣工结算做出了详细规定：

（1）工程竣工验收报告经发包人认可后的 28 天内，承包人向发包人递交竣工结算报告及完整的结算资料，双方按照协议书中的合同条款及专用条款约定的合同价款调整内容，进行工程竣工结算。

（2）发包人收到承包人递交的竣工结算报告及结算资料后 28 天内进行核实，给予确认或者提出修改意见。发包人确认竣工结算报告后通知经办银行向承包人支付工程竣工结算价款。承包人收到竣工结算价款后 14 天内将竣工工程交付发包人。

（3）发包人收到竣工结算报告及结算资料后 28 天内无正当理由不支付工程竣工结算价款，从第 29 天起按承包人同期向银行贷款利率支付拖欠工程价款的利息，并承担违约责任。

（4）发包人收到竣工结算报告及结算资料后 28 天内不支付工程竣工结算价款，承包人可以催告发包人支付结算价款。发包人在收到竣工结算报告及结算资料后 56 天内仍不支付的，承包人可以与发包人协议将工程折价，也可以由承包人申请人民法院将该工程依法拍卖，承包人就该工程折价或者拍卖的价格优先受偿。

（5）工程竣工验收报告经发包人认可后 28 天内，承包人未能向发包人递交竣工结算报告及完整的结算资料，造成工程竣工结算不能正常进行或工程竣工结算价款不能及时支付，发包人要求支付的，承包人应当支付；发包人不要求交付的，承包人承担保管责任。

（6）发包人、承包人对工程竣工结算价款发生争议时，按关于争议的约定处理。

## 二、建设项目竣工决算

### (一) 建设项目竣工决算的含义

建设项目竣工决算是以实物数量和货币指标为计量单位，综合反映竣工项目从筹建开始到项目竣工交付使用为止的全部建设费用，投资效果和财务情况的总结性文件是竣工验收报告的重要组成部分。建设项目竣工决算是正确核定新增固定资产价值，考核分析投资效果，建立健全经济责任制的依据，也是反映建设项目实际造价和投资效果的文件。通过竣工决算，既能够正确反映建设工程的实际造价和投资效果，又可以通过竣工决算与概算、预算的对比分析，考核投资控制的工作成效，为工程建设提供重要的技术经济方面的基础资料，以提高未来工程建设的投资效益。

### (二) 建设项目竣工决算的作用

(1) 建设项目竣工决算是综合、全面地反映竣工项目建设成果及财务情况的总结性文件。它采用货币指标、实物数量、建设工期和各种技术经济指标综合、全面地反映建设项目自开始建设到竣工为止的全部建设成果和财务状况。

(2) 建设项目竣工决算是办理交付使用资产的依据，也是竣工验收报告的重要组成部分。建设单位与使用单位在办理交付资产的验收交接手续时，通过竣工决算反映了交付使用资产的全部价值，包括固定资产、流动资产、无形资产和其他资产的价值。及时编制竣工决算可以正确核定固定资产价值并及时办理交付使用，可缩短工程建设周期，节约建设项目投资，准确考核和分析投资效果。

(3) 建设项目竣工决算是分析和检查设计概算的执行情况，考核建设项目管理水平和投资效果的依据。竣工决算反映了竣工项目计划、实际的建设规模、建设工期以及设计和实际的生产能力，反映了概算总投资和实际的建设成本，同时还反映了所达到的主要技术经济指标。通过对这些指标的计划数、概算数与实际数进行对比分析，不仅可以全面掌握建设项目计划和概算执行情况，而且可以考核建设项目投资效果，为今后制订建设项目计划，降

低建设成本，提高投资效果提供必要的参考资料。

### (三) 建设项目竣工决算的内容

建设项目竣工决算应包括从筹建到竣工投产全过程的全部实际支付费用，即包括建筑工程费、安装工程费、设备工器具购置费和其他费用等。按照财政部、国家发改委、住房和城乡建设部的有关文件规定，建设项目竣工决算由竣工财务决算报表、竣工财务决算说明书、工程竣工图和工程造价比较分析四部分组成。其中竣工财务决算报表和竣工财务决算说明书属于建设项目竣工财务决算的内容，是竣工决算的核心内容。

建设项目竣工财务决算作为竣工决算的重要组成部分，是正确核定新增固定资产价值、考核分析投资效果、建立健全经济责任制的依据，也是建设项目竣工验收报告的重要组成部分。

1. 建设项目竣工财务决算报表

在实际工作中，建设项目竣工财务决算报表应根据大中型建设项目和小型建设项目分别制定。大中型建设项目竣工财务决算报表一般包括建设项目竣工财务决算审批表、大中型建设项目概况表、大中型建设项目竣工财务决算表、大中型建设项目交付使用资产总表、建设项目交付使用资产明细表；小型建设项目竣工财务决算报表一般包括建设项目竣工财务决算审批表、小型建设项目竣工财务决算总表、建设项目交付使用资产明细表。

(1) 建设项目竣工财务决算审批表：

①建设性质按新建、扩建、改建、迁建和恢复建设项目等分类填列。

②主管部门是指建设单位的主管部门。

③所有建设项目均须经开户银行签署意见后，按下列要求报批：中央级小型建设项目由主管部门签署审批意见；中央级大中型建设项目报所在地财政监察专员办事机构签署意见后，再由主管部门签署意见报财政部审批；地方级建设项目由同级财政部门签署审批意见。

④已具备竣工验收条件的项目，3个月内应及时填报此审批表，如3个月内不办理竣工验收和固定资产移交手续的视同项目已正式投产，其费用不得从基建投资中支付，所实现的收入作为经营收入，不再作为基建收入管理。

（2）大中型建设项目概况表用来反映建设项目总投资、基建投资支出、新增生产能力、主要材料消耗和主要技术经济指标等方面的设计或概算数与实际完成数的情况。

①建设项目名称、建设地址、主要建设单位和主要施工单位应按全名称填列。

②各项目的设计、概算、计划指标是指经批准的设计文件和概算、计划等确定的指标数据。

③设计概算批准文号是指最后经批准的日期和文件号。

④新增生产能力、完成主要工程量、主要材料消耗的实际数据是指建设单位统计资料和施工企业提供的有关成本核算资料中的数据。

⑤主要技术经济指标包括单位面积造价、单位生产能力，单位投资增加的生产能力（如 t/万元），单位生产成本和投资回收年限等反映投资效果的综合性指标。

⑥基建支出是指建设项目从开工起至竣工止所发生的全部基建支出，包括形成资产价值的交付使用资产，即固定资产、流动资产、无形资产、递延资产支出，以及不形成资产价值按规定核销的非经营性项目的待核销基建支出和转出投资。

第一，建筑安装工程投资支出，设备、工器具投资支出，待摊投资支出，以及其他投资支出构成建设项目的建设成本。建筑安装工程投资支出是指建设单位按照项目概算内容发生的建筑工程和安装工程的实际成本，不包括被安装设备的自身价值，以及按照合同规定支付给施工企业的预付备料款和预付工程款。

设备、工器具投资支出是指建设单位按照项目概算内容发生的各种设备的实际成本和为生产准备的未达到固定资产价值标准的工具、器具的实际成本。待摊投资支出是指建设单位按照项目概算内容发生的，按规定应当分摊计入交付使用资产价值的各项费用支出，包括建设单位管理费、土地征用及迁移补偿费、勘察设计费、研究试验费、可行性研究费、临时设施费、设备检验费、负荷联动试运转费、包干结余、坏账损失、借款利息、合同公正及工程质量监理费、土地使用税汇总损益、国外借款手续费及承诺费、施工机构迁移费、报废工程费、耕地占用税、土地复垦及补偿费、投资方向调节税、固定资产损失、器材处理亏损、设备盘亏毁损、调整器材调拨价格折价、企业债券发行费用、概（预）算审查费、（贷款）项目评估费、社会中介机构审计费、车船使用税、其他待摊销投资支出等。建设单位发生单项工程报废时，按规定程序报批并经批准以单项工程的净损失，按增加建设成本处理，计入待摊投资支出。

其他投资支出是指建设单位按照项目概算内容发生的构成建设项目实际支出的房屋购置和基本畜禽、林木等购置，饲养、培养支出以及取得各种无形资产和递延资产发生的支出。

第二，待核销基建支出是指非经营性项目发生的江河清障，航道清淤、飞播造林、补助群众造林，水土保持，城市绿化，取消项目可行性研究费、项目报废等不能形成资产部分的投资。但是，若形成资产部分的投资，应计入交付使用资产价值。

第三，非经营性项目转出投资支出是指非经营性项目为项目配套的专用设施投资，包括专用道路、专用通信设施，送变电站、地下管道等，其产权不属于本单位的投资支出。但是，若产权归属本单位的，应计入交付使用资产价值。

⑦收尾工程是指全部工程项目验收后还遗留的少量收尾工程。此表中应明确填写收尾工程内容、完成时间，尚需投资额（实际成本）可根据具体情况进行并加以说明，完工后不再编制竣工决算。

（3）大中型建设项目竣工财务决算表用来反映建设项目的全部资金来源和资金占用（支出）情况，是考核和分析投资效果的依据。该表采用平衡表形式，即资金来源合计等于资金占用（支出）合计。

①资金来源包括基建拨款、项目资本金，项目资本公积金，基建借款、上级拨入投资借款、企业债券资金，待冲基建支出，应付款和未交款以及上级拨入资金和企业留成收入等。但是，还应注意以下四点：

第一，预算拨款、自筹资金拨款及其他拨款、项目资本金、基建借款及其他借款等项目，是指自开工建设至竣工止的累计数，应根据历年批复的年度基本建设财务决算和竣工年度的基本建设财务决算中资金平衡表相应项目的数字经汇总后的投资额。

第二，项目资本金是指经营性项目投资者按照国家关于项目资本金制度的规定，筹集并投入项目的非负债资金。按其投资主体不同，分为国家资本金、法人资本金、个人资本金和外商资本金，并在财务决算表中单独反映，竣工决算后相应转为生产经营企业的国家资本金、法人资本金、个人资本金和外商资本金。国家资本金包括中央财政预算拨款、地方财政预算拨款、政府设立的各种专项建设基金和其他财政性资金等。

第三，项目资本公积金是指经营性项目对投资者实际缴付的出资额超出其资金的差额（包括发行股票的溢价净收入），资产评估确认价值或者合同、协议约定价值与原账面净值的差额、接受捐赠的财产，资本汇率折算差额等。在项目建设期间作为资本公积金，项目建成交付使用并办理竣工决算后转为生产经营企业的资本公积金。

第四，基建收入是指基建过程中形成的各项工程建设副产品变价净收入、负荷试车的试运行收入以及其他收入，其具体内容涵盖：工程建设副产品变价净收入，包括煤炭建设过程中的工程煤收入，矿山建设中的矿产品收入，油（气）田钻井建设过程中的原油（气）收入等；经营性项目为检验设备安装质量进行的负荷试车或按合同及国家规定进行试运行所实现的产品收入，包括水利、电力建设移交生产前的水、电、热收入、原材料、机电轻纺、农林建设移交生产前的产品收入，铁路、交通临时运营收入等；各类建设项目总体建设尚未完成和移交生产，但其中部分工程简易投产而发生的经营性收入等；工程建设期间各项索赔以及违约金等其他收入。

以上各项基建收入均是以实际所得纯收入计列，即实际销售收入扣除销售过程中所发生的费用和税金后的纯收入。

②资金占用（支出）反映建设项目从开始准备到竣工全过程的资金支出的全面情况。具体内容包括基建建设支出，应收生产单位投资借款、库存器材、货币资金、有价证券和预付及应收款以及拨付所属投资借款和库存固定资产等。

③补充资料的基建投资借款期末余额是指建设项目竣工时尚未偿还的基建投资借款数，应根据竣工年度资金平衡表内的基建借款项目的期末数填列；应收生产单位投资借款期末数应根据竣工年度资金平衡表内的应收生产单位投资借款项目的期末数填列；"基建结余资金"是指竣工时的结余资金额，应根据竣工财务决算表中有关项目计算填列。

（4）大中型建设项目交付使用资产总表用来反映建设项目建成后，交付使用新增固定资产、流动资产、无形资产和递延资产的全部情况及价值，作为财产交接，检查投资计划完成情况和分析投资效果的依据。

（5）建设项目交付使用资产明细表：大中型和小型建设项目均要填写此表。该表是交付使用财产总表的具体化，反映交付使用固定资产、流动资产、无形资产和递延资产的详细内容，是使用单位建立资产明细账和登记新增资产价值的依据。

2. 竣工财务决算说明书

竣工财务决算说明书主要反映竣工工程建设成果和经验，是对竣工决算报表进行分析和补充说明的文件，是全面考核分析工程投资与造价的书面总结，是竣工决算报告的重要组成部分，其内容主要包括以下六个方面：

（1）建设项目概况，对工程总的评价。一般从进度、质量、安全和造价方面进行分析说明。进度方面主要说明开工和竣工时间，对照合理工期和要求工期分析是提前还是延期；质量方面主要根据竣工验收委员会或相当一级质量监督部门的验收评定等级、合格率和优良品率；安全方面主要根据劳动工资和施工部门的记录，对有无设备和人身事故进行说明；造价方面主要对照概算造价，说明节约或超支的情况，用金额和百分率进行分析说明。

（2）资金来源及运用等财务分析。主要包括工程价款结算，会计账务的处理、财产物资情况及债权债务的清偿情况。

（3）基本建设收入、投资包干结余、竣工结余资金的上交分配情况。通过对基本建设投资包干情况的分析，说明投资包干数、实际支用数和节约额，投资包干结余的有机构成和包干结余的分配情况。

（4）各项经济技术指标的分析、计算情况。概算执行情况分析，根据实际投资完成额与概算进行对比分析；新增生产能力的效益分析，说明交付使用财产占总投资额的比例，占交付使用财产的比例，不增加固定资产的造价占投资总额的比例，分析有机构成和成果。

（5）工程建设的经验、项目管理和财务管理工作以及竣工财务决算中有待解决的问题。

（6）需要说明的其他事项。

3. 建设工程竣工图

建设工程竣工图是真实记录各种地上、地下建筑物、构筑物等情况的技术文件，是工程进行交工验收、维护、改建和扩建的依据，是国家的重要技术档案。全国各建设、设计、施工单位和各主管部门都要认真做好竣工图的编制工作。国家规定：各项新建、扩建、改建的基本建设工程，特别是基础、地下建筑、管线、结构、井巷、桥梁、隧道、港口、水坝以及设备安装等隐蔽部位，都要编制竣工图。为确保竣工图质量，必须在施工过程中（不能在竣工后）及时做好隐蔽工程检查记录，整理好设计变更文件。编制竣工图的形式和深度，应根据不同情况区别对待，其具体要求包括：

（1）凡按图竣工没有变动的，由承包人（包括总包和分包承包人，下同）在原施工图上加盖竣工图标志后，即作为竣工图。

（2）凡在施工过程中，虽有一般性设计变更，但能将原施工图加以修改补充作为竣工图的，可不重新绘制，由承包人负责在原施工图（必须是新蓝图）上注明修改的部分，并附以设计变更通知单和施工说明，加盖"竣工图"标志后，作为竣工图。

（3）凡结构形式改变、施工工艺改变、平面布置改变、项目改变以及有其他重大改变，不宜再在原施工图上修改、补充时，应重新绘制改变后的竣工图。由原设计原因造成的，由设计单位负责重新绘制；由施工原因造成的，由承包人负责重新绘图；由其他原因造成的，由建设单位自行绘制或委托设计单位绘制。承包人负责在新图上加盖"竣工图"标志，并附以有关记录和说明，作为竣工图。

（4）为了满足竣工验收和竣工决算的需要，还应绘制反映竣工工程全部内容的工程设计平面示意图。

（5）重大的改建、扩建工程项目涉及原有的工程项目变更时，应将相关项目的竣工图资料统一整理归档，并在原图案卷内增补必要的说明。

4. 工程造价比较分析

在建设项目竣工决算报告中，应对控制工程造价所采取的措施、效果及其动态的变化进行认真的比较分析，总结经验教训。批准的概算是考核建设工程造价的依据。在分析时，可先对比整个项目的总概算，然后将建筑安装工程费、设备工器具费和其他工程费用逐一与竣工决算表中所提供的实际数据和相关资料及批准的概算、预算指标，实际的工程造价进行对比分析，以确定竣工项目总造价是节约还是超支，并在对比的基础上总结先进经验，找出节约和超支的内容和原因，提出改进措施。在实际工作中，应侧重分析以下内容：

（1）主要实物工程量。概、预算编制的主要实物工程量的增减必然使工程概、预算造价和竣工决算实际工程造价随之增减。因此，要认真对比分析和审查建设项目的建设规模、结构、标准、工程范围等是否遵循批准的设计文件规定，其中有关变更是否按照规定的程序办理，它们对工程造价的影响如何。对于实物工程量出入比较大的项目，还必须查明原因。

（2）主要材料消耗量。在建筑安装工程投资中，材料费一般占直接工程费的 70% 以上，因此考核材料费的消耗是重点。在考核主要材料消耗量时，要按照竣工决算表中所列明的三大材料实际超概算的消耗量，查明在工程的哪个环节超出量最大，再进一步查明超耗的原因。

（3）建设单位管理费、措施费和间接费的取费标准。建设单位管理费、措施费和间接费的取费标准要按照国家和各地的有关规定，根据竣工决算报表中所列的建设单位管理费与概算所列的建设单位管理费数额进行比较，依据规定查明是否多列或少列的费用项目，确定其节约或超支的数额，并查明原因。

以上所列内容是工程造价比较分析的重点，应侧重分析。但对具体建设项目应进行具体分析，究竟选择哪些内容作为考核、分析重点，还得因地制宜，视各个建设项目的具体情况而定。

### （四）建设项目竣工决算的编制

1. 竣工决算编制的主要依据

（1）经批准的可行性研究报告，投资估算书，初步设计或扩大初步设计，概算或修正概算书及其批复文件。

（2）经批准的施工图设计及其施工图预算书。

（3）设计交底或图纸会审会议纪要。

（4）设计变更记录，施工记录或施工签证单及其他施工发生的费用记录。

（5）招标控制价，承包合同、工程结算等有关资料。

（6）历年基建计划、历年财务决算及批复文件。

（7）设备、材料调价文件和调价记录。

（8）竣工图及各种竣工验收资料。

（9）有关财务核算制度、办法和其他有关资料。

2. 竣工决算编制的步骤

（1）收集、整理和分析有关依据资料。在编制竣工决算文件之前，应系统地整理所有的技术资料、工料结算的经济文件，施工图纸和各种变更与签证资料，并分析它们的准确性。完整、齐全的资料，是准确而迅速编制竣工决算的必要条件。

（2）清理各项财务、债务和结余物资。在收集、整理和分析有关资料中，要特别注意建设工程从筹建到竣工投产或使用的全部费用的各项账务，债权和债务的清理，做到工程完毕账目清晰。既要核对账目，又要查点库存实物的数量，做到账与物相等，账与账相符。对结余的各种材料、工器具和设备，要逐项清点核实，妥善管理，并按规定及时处理，收回资金。对各种往来款项要及时进行全面清理，为编制竣工决算提供准确的数据和结果。

（3）核实工程变动情况，重新核实各单位工程单项工程造价。将竣工资料与原设计图纸进行查对、核实，必要时可实地测量，确认实际变更情况；根据经审定的承包人竣工结算等原始资料，按照有关规定对原概算、预算进行增减调整，重新核定工程造价。

（4）编制建设工程竣工决算说明。按照建设工程竣工决算说明的内容要求，根据编制依据材料填写在报表中的结果，编写文字说明。

（5）填写竣工决算报表。按照建设工程决算表格中的内容，根据编制依据中的有关资料进行统计或计算各个项目和数量，并将其结果填到相应表格的栏目内，完成所有报表的填写。

（6）做好工程造价比较分析。

（7）清理、装订好竣工图。

（8）上报主管部门审查存档。

将上述填写的文字说明和填写的表格经核对无误，装订成册，即建设工程竣工决算文件。将其上报主管部门审查，并把其中财务成本部分送交开户银行签证。竣工决算在上报主管部门的同时，抄送有关设计单位。大中型建设项目的竣工决算还应抄送财政部、建设银行总行和省、区、市的财政局和建设银行分行各一份。建设工程竣工决算文件由建设单位负责组织人员编写，在竣工建设项目办理验收使用1个月内完成。

3. 竣工决算的编制要求

为了严格执行建设工程项目竣工验收制度，正确核定新增固定资产价值，考核分析投资效果，建立健全经济责任制，所有新建、扩建和改建等建设工程项目竣工后，都应及时、完整、正确地编制好竣工决算。建设单位要做好以下工作：

（1）按照规定及时组织竣工验收，保证竣工决算的及时性。所有的建设项目（或单项工程）按照批准的设计文件所规定的内容建成后，都要及时组织验收。对于竣工验收中发现的问题，应及时查明原因，采取措施加以解决，以保证建设项目按时交付使用并及时编制竣工决算。

（2）积累、整理竣工项目资料，保证竣工决算的完整性。积累、整理竣工项目资料是编制竣工决算的基础工作，它关系到竣工决算的完整性和质量的好坏。在工程竣工时，建设单位应将各种基础资料与竣工决算一起移交给生产单位或使用单位。

（3）清理、核对各项账目，保证竣工决算的正确性。工程竣工后，建设单位要认真核实各项交付使用资产的建设成本，做好各项财务、物资以及债权的清理结余工作，对各种结余的材料、设备、施工机械工具等，要逐项清点核实，妥善保管，按照国家有关规定进行处理，不得任意侵占；对竣工后的结余资金，要按规定上交财政部门或上级主管部门。

按照规定，竣工决算应在竣工项目办理验收交付手续后一个月内编好，并上报主管部门。有关财务成本部分，还应送经办银行审查签证。主管部门和财政部门对报送的竣工决算审批后，建设单位即可办理决算调整和结束有关工作。

# 第三节　新增资产价值的确定

## 一、新增资产价值的分类

新增资产价值是指建设项目竣工投入运营后，所花费的总投资所形成

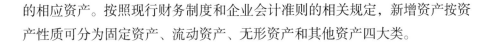

的相应资产。按照现行财务制度和企业会计准则的相关规定，新增资产按资产性质可分为固定资产、流动资产、无形资产和其他资产四大类。

### (一) 固定资产

固定资产是指使用期限超过 1 年，单位价值在规定标准 (如 1000 元或 2000 元) 以上，并且在使用过程中保持原有物质形态的资产，包括房屋及建筑物、机电设备，运输设备、工具器具等。不同时具备以上 3 个条件的资产应视为低值易耗品，列入流动资产范围内，如企业自身使用的工具、器具、家具等。

### (二) 流动资产

流动资产是指可以在 1 年内或超过 1 年的一个营业周期内变现或者运用的资产，包括现金及各种存款、其他货币资金，短期投资，应收及预付款项，存货以及其他流动资产等。

### (三) 无形资产

无形资产是指企业长期使用但没有实物形态的资产，包括专利权、商标权、著作权、非专利技术、商誉等。

### (四) 其他资产

其他资产是指除固定资产、流动资产、无形资产以外的资产。

## 二、新增资产价值的确定

### (一) 新增固定资产价值的确定

新增固定资产价值是建设项目竣工投产后所增加的固定资产价值，即交付使用的固定资产价值。它是以价值形态表示的固定资产投资最终成果的综合性指标。新增固定资产价值的计算以独立发挥生产能力的单项工程为对象。单项工程建成经有关部门验收鉴定合格，正式移交生产或使用，即应计算新增固定资产价值。一次性交付生产或使用的工程一次性计算新增固定资产价值，分期分批交付生产或使用的工程，应分期分批计算新增固定资产价值。新增固定资产价值的内容包括：已投入生产或交付使用的建筑、安装工程造价，达到固定资产标准的设备、工器具的购置费用，增加固定资产价值的其他费用。

在计算新增固定资产价值时，应注意以下四种情况：

（1）对于为了提高产品质量、改善劳动条件、节约材料消耗、保护环境而建设的附属辅助工程，只要全部建成，正式验收交付使用后就要计入新增固定资产价值。

（2）对于单项工程中不构成生产系统，但能独立发挥效益的非生产性项目，如住宅、食堂、医务室、托儿所、生活服务网点等，在建成并交付使用后，也要计算新增固定资产价值。

（3）凡购置达到固定资产标准不需安装的设备、工器具，应在交付使用后计入新增固定资产价值。

（4）属于新增固定资产价值的其他投资，如与建设项目配套的专用铁路线、专用公路、专用通信设施、送变电站、地下管道、专用码头等由本项目投资且产权归属本项目所在单位的，应随同受益工程交付使用的同时一并计入新增固定资产价值。

交付使用财产的成本，应按下列内容计算：房屋、建筑物、管道、线路等固定资产的成本包括建筑工程成本和应分摊的待摊投资。动力设备和生产设备等固定资产的成本包括需要安装设备的采购成本、安装工程成本、设备基础支架等建筑工程成本、砌筑锅炉及各种特殊炉的建筑工程成本，应分摊的待摊投资。运输设备及其他不需要安装的设备、工具、器具、家具等固定资产一般仅计算采购成本，不计算分摊的"待摊投资"。共同费用的分摊方法：新增固定资产的其他费用，如果是属于整个建设项目或两个以上单项工程的，在计算新增固定资产价值时，应在各单项工程中按比例分摊。一般情况下，建设单位管理费由建筑工程、安装工程，需安装设备价值总额等按比例分摊；土地征用费、地质勘察和建筑工程设计等费用则按建筑工程造价比例分摊；生产工艺流程系统设计费按安装工程造价比例分摊。

**(二) 新增流动资产价值的确定**

1. 货币性资金

货币性资金是指现金、各种银行存款及其他货币资金。其中,现金是指企业的库存现金,包括企业内部各部门用于周转使用的备用金;各种存款是指企业的各种不同类型的银行存款;其他货币资金是指除现金和银行存款以外的其他货币资金(如外埠存款,还未收到的在途资金,银行汇票和本票等资金)。货币性资金一律根据实际入账价值核定计入流动资产。

2. 短期投资

短期投资包括股票、债券、基金。股票和债券根据是否可以上市流通分别采用市场法和收益法确定其价值。

3. 应收账款及预付款项

应收账款是指企业因销售商品、提供劳务等应向购货单位或受益单位收取的款项;预付款项是指企业按照购货合同预付给供货单位的购货定金或部分货款。应收及预付款项包括应收工程款、应收票据、应收账款、其他应收款、预付分包工程款、预付分包工程备料款、预付工程款、预付购货款和待摊费用等。一般情况下,应收及预付款项按企业销售商品、产品或提供劳务时的实际成交金额或合同约定金额入账核算。

4. 存货

存货是指建设项目在建设过程中耗用而储存的各种自制和外购的货物,包括各种器材、低值易耗品和其他商品。各种存货应当按照取得时的实际成本计价。存货的形成主要有外购和自制两种途径。外购的存货按照买价加运输费、装卸费、保险费、途中合理损耗、入库前加工、整理及挑选费用及缴纳的税金等计价;自制的存货按照制造过程中的各项实际支出计价。

依据投资概算核拨的项目铺底流动资金,由建设单位直接移交使用单位。

**(三) 新增无形资产价值的确定**

无形资产是指企业拥有或者控制的没有实物形态的可辨认非货币性资产。

1. 无形资产的计价原则

（1）投资者按无形资产作为资本金或者合作条件投入时，按评估确认或合同协议约定的金额计价。

（2）购入的无形资产，按照实际支付的价款计价。

（3）企业自创并依法申请取得的，按其开发过程中的实际支出计价。

（4）企业接受捐赠的无形资产，按照发票账单所载金额或者同类无形资产市场价作价。

（5）无形资产计价入账后，应在其有效使用期内分期摊销，即企业为无形资产支出的费用应在无形资产的有效期内得到及时补偿。

2. 无形资产的计价方法

（1）专利权的计价：专利权分为自创和外购两类。自创专利权的价值为开发过程中的实际支出，主要包括专利的研制成本和交易成本。

①研制成本包括直接成本和间接成本。其中，直接成本是指研制过程中直接投入发生的费用，主要包括材料费、工资、专用设备费、资料费、咨询鉴定费、协作费、培训费和差旅费等；间接成本是指与研制开发有关的费用，主要包括管理费、非专用设备折旧费、应分摊的公共费用及能源费用。

②交易成本是指交易过程中的费用支出，主要包括技术服务费、交易过程中的差旅费管理费、手续费及税金。由于专利权是具有独占性并能带来超额利润的生产要素，因此专利权转让价格不按成本估价，而是按照其所能带来的超额收益计价。

（2）非专利技术的计价：非专利技术具有使用价值和价值，使用价值是非专利技术本身应具有的；非专利技术的价值在于非专利技术的使用所能产生的超额获利能力，应在研究分析其直接和间接的获利能力的基础上，准确计算出其价值。如果非专利技术是自创的，一般不作为无形资产入账，自创过程中发生的费用，按当期费用处理。对于外购非专利技术，应由法定评估机构确认后再进行估价，其方法往往采用收益法进行估价。

（3）商标权的计价：如果商标权是自创的，一般不作为无形资产入账，而将商标设计、制作、注册、广告宣传等发生的费用直接作为销售费用计入当期损益。只有当企业购入或转让商标时，才需要对商标权计价。商标权的计价一般根据被许可方新增的收益确定。

（4）土地使用权的计价：根据取得土地使用权的方式不同，土地使用权有以下三种计价方式：

①当建设单位向土地管理部门申请土地使用权并为之支付一笔出让金时，土地使用权作为无形资产核算。

②当建设单位所获得的土地使用权是通过行政划拨的，这时土地使用权就不能作为无形资产核算。

③在将土地使用权有偿转让、出租、抵押、作价入股和投资，按规定补交土地出让价款时，应作为无形资产核算。无形资产入账后，应在其有限使用期内分期摊销。

### （四）新增其他资产价值的确定

形成其他资产原值的费用主要是开办费，以经营租赁方式租入的固定资产改良工程支出，生产准备费（含职工提前进厂费和培训费），样品、样机购置费和农业开荒费等，按实际入账价值确定新增其他资产价值。

## 第四节　保修的处理

### 一、保修的含义

保修是指施工单位按照国家或行业现行的有关技术标准、设计文件以及合同中对质量的要求，对已竣工验收的建设工程在规定的保修期限内进行维修、返工等工作。建设工程的施工合同内容包括，工程质量保修范围和质量保证期。由于建设产品的一些质量缺陷（指工程不符合国家或行业现行的有关技术标准、设计文件以及合同中对质量的要求）和隐患，可能在使用过程中才逐渐暴露出来，如屋面漏雨，墙体渗水，建筑物基础超过规定的不均匀沉降，采暖系统供热不佳，设备及安装工程达不到国家或行业现行的技术标准等，需要在使用过程中检查、观测和维修。为了使项目达到高质量、低费用，以获取最大效益，施工单位应认真做好保修工作，同时应加强保修期间的投资控制。保修制度也是施工单位对工程正常发挥功能负责的具体体现，能维护企业信誉，提高管理水平。

## 二、保修期限

保修期限应当按照保证建筑物合理寿命内正常使用，维护使用者合法权益的原则确定。建设工程承包单位在向建设单位提交工程竣工验收报告时，应当向建设单位出具质量保修书。质量保修书应当明确建设工程的保修范围、保修期限和责任等。在正常使用条件下，建设工程的最低保修期限为：

（1）基础设施工程、房屋建筑的地基基础工程和主体结构工程的保修期限为设计文件规定的该工程的合理使用年限。

（2）屋面防水工程、有防水要求的卫生间、房间和外墙面的防渗漏的保修期限为 5 年。

（3）供热与供冷系统为 2 个采暖期和供冷期。

（4）电气管线、给水排水管道，设备安装和装修工程为 2 年。

（5）其他项目的保修期限由承发包双方在合同中规定，建设工程的保修期自竣工验收合格之日算起。

## 三、保修费用的处理

### (一) 保修费用的含义

保修费用是指对建设工程在保修期限和保修范围内所发生的维修、返工等各项费用支出。保修费用应按合同和有关规定合理确定和控制。保修费用一般可参照建筑安装工程造价的确定程序和方法计算，也可按建筑安装工程造价或承包合同价的一定比例计算（如取 5%）。

### (二) 保修费用的处理办法

基于建筑安装工程情况复杂，不如其他商品那样单一，出现的质量缺陷和隐患等问题往往是由多方面原因造成的。因此，在费用的处理上应分清造成问题的原因具体返修内容，按照国家有关规定和合同要求与有关单位共同商定处理办法。

1.勘察、设计原因造成的保修费用处理

勘察、设计方面的原因造成的质量缺陷，由勘察、设计单位负责并承担经济责任，由施工单位负责维修或处理。按照合同法规定，勘察、设计人应当继续完成勘察、设计，减收或免收勘察、设计费并赔偿损失。

2.施工原因造成的保修费用处理

施工单位未按国家有关规范、标准和设计要求施工，造成质量缺陷，由施工单位负责无偿返修并承担经济责任。建设工程在保修范围和保修期限内发生质量问题的，施工单位应当履行保修义务，并对造成的损失承担赔偿责任。施工单位不履行保修义务或者拖延履行保修义务的，责令改正，处10万元以上20万元以下的罚款，并对保修期间因质量缺陷造成的损失承担赔偿责任。

3.设备、材料、构配件不合格造成的保修费用处理

因设备、建筑材料、构配件质量不合格引起的质量缺陷，属于施工单位采购的或经其验收同意的，由施工单位承担经济责任；属于建设单位采购的，由建设单位承担经济责任。至于施工单位、建设单位与设备、材料、构配件供应单位或部门之间的经济责任，应按其设备、材料、构配件的采购供应合同处理。

4.用户使用原因造成的保修费用处理

因用户使用不当造成的建筑安装工程及设备等的损坏，由用户自行负责。

5.不可抗力原因造成的保修费用处理

因地震、洪水、台风等不可抗力原因造成的质量问题，施工单位和设计单位都不承担经济责任，由建设单位负责处理。

# 第四章　工程造价的审查及管理

## 第一节　单位建筑工程概算的审查

### 一、工程概算的分类

（1）按工程特征不同，工程概算可分为建筑工程概算和设备及安装工程概算两大类。其中建筑工程概算又分为土建工程概算、给排水工程概算、采暖工程概算和电气照明工程概算；设备及安装工程概算分为机械设备及安装工程概算和电气设备及安装工程概算。

（2）按编制程序及所计算的对象不同，工程概算可分为单位工程概算、单项工程综合概算和建设项目总概算。

### 二、建筑工程概算的概念和作用

建筑工程概算是由设计单位根据初步或扩大初步设计的图纸、概算定额、费用定额及建设行政部门颁发的有关文件编制而成的拟建工程全部费用的文件。在两阶段设计中，扩大初步设计阶段要编制工程概算。在三阶段设计中，初步设计阶段要编制概算，技术设计阶段要编制修正概算。由于工程概算一般在设计阶段由设计部门编制，故通常又称为设计概算。

建筑工程概算既是建设项目总概算的重要组成部分，也是国家控制基本建设投资的主要依据，还是编制基本建设计划、选择设计最佳方案、控制建设工程贷款和编制工程预算的依据。只有及时、正确地编制出工程概算，才能正确使用国家建设投资，加速资金周转，充分发挥投资效果。因此，建筑工程概算在基本建设中起着极为重要的作用。

### 三、建筑工程概算编制依据和原则

#### (一) 编制依据

(1) 已经批准的建设项目的可行性研究报告和主管部门的有关规定。

(2) 满足编制设计概算的各专业经过校审的设计图纸 (或内部作业草图)、文字说明和主要设备及材料表。

(3) 当地和主管部门的现行建筑工程和专业安装工程概、预算定额，单位估价表，地区材料，构配件预算价格 (或市场价格)，间接费用定额和有关费用规定等文件。

(4) 现行的有关设备原价 (出厂价或市场价) 及运杂费率。

(5) 现行的有关其他费用定额、指标和价格。

(6) 建设场地的自然条件和施工条件。

(7) 类似工程的概、预算资料及技术经济指标。

#### (二) 编制原则

(1) 在熟悉初步设计文件的基础上，概算编制人员应深入施工现场，调查研究和掌握第一手资料，对新结构、新材料、新技术和非标准设备的价格要查对、核准。

(2) 贯彻理论与实践、设计与施工、技术与经济相结合的原则，密切结合工程的性质特点和建设地区的条件，注意设计所采用的新技术、新工艺对造价的影响，合理计算各项费用。

(3) 抓住主要矛盾，突出重点，保证概算编制质量。应注意关键项目和主要部分的编制精度，确保控制概算造价。

(4) 概算造价应在投资估算控制范围内。如突破投资估算，应分析原因，拟订解决措施，并报告主管部门。

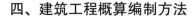

## 四、建筑工程概算编制方法

### (一) 概算定额法

概算定额法又叫扩大单价法或扩大结构定额法。利用概算定额法编制设计概算的具体步骤如下:

(1) 按照概算定额分部分项顺序,列出各分项工程的名称,并计算各分项工程量。

(2) 确定各分部分项工程项目的概算定额单价 (基价)。

(3) 计算单位工程直接工程费和直接费。

将已算出的各分部分项工程项目的工程量分别乘以概算定额单价、单位人工、材料消耗指标,即可得出各分项工程的直接工程费和人工、材料消耗量。再汇总各分项工程的直接工程费及人工、材料消耗量,即可得到该单位工程的直接工程费和工料总消耗量。最后汇总措施费,即可得到该单位工程的直接费。

(4) 根据直接费,结合其他各项取费标准,分别计算间接费、利润和税金。采用扩大单价法编制建筑工程概算比较准确,但计算较烦琐。需具备一定的设计基础知识,熟悉概算定额,才能弄清分部分项的扩大综合内容,并正确计算扩大分部分项的工程量。同时在套用扩大单位估价表时,若所在地区的工资标准及材料预算价格与概算定额不相符时,则需要重新编制扩大单位估价表或测定系数加以修正。

当初步设计达到一定深度、建筑结构比较明确时,可采用这种方法编制建筑工程概算。

### (二) 概算指标法

概算指标法将拟建厂房、住宅的建筑面积或体积乘以技术条件相同或基本相同的概算指标而得出直接工程费,然后按规定计算出措施费、间接费、利润和税金等。概算指标法计算精度较低,但由于其编制速度快,因此对一般附属、辅助和服务工程等项目,以及住宅和文化福利工程项目或投资比较小、比较简单的工程项目投资概算有一定实用价值。

根据选用的概算指标的内容，可选用两种套算方法。一种方法是以指标中所规定的工程每平方米或立方米的直接工程费单价，乘以拟建单位工程建筑面积或体积，得出单位工程的直接工程费，再计算其他费用，即可求出单位工程的概算造价。另一种方法是以概算指标中规定的每100平方米建筑物面积（或1000立方米体积）所耗人工工日数、主要材料数量为依据，首先计算出拟建工程人工、主要材料消耗量，再计算直接工程费，并取费。

根据直接工程费，结合其他各项取费方法，分别计算措施费、间接费、利润和税金，得到每平方米建筑面积的概算单价，乘以拟建单位工程的建筑面积，即可得到单位工程概算造价。

### （三）类似工程预算法

类似工程预算法是利用技术条件与设计对象相类似的已完工程或在建工程的工程造价资料来编制拟建工程设计概算的方法。其前提条件是应具有可比性，即拟建工程在建筑面积、结构构造特征等方面与已建（或在建）工程基本一致，如层数相同、面积接近、结构类似、材料和构件价格差额不大。

## 五、建筑工程概算的审查

### （一）审查的意义

单位工程概算是确定某个单位工程建设费用的文件，是确定建设项目全部建设费用不可缺少的组成部分。审查单位工程概算书是正确确定建设项目投资的一个重要环节，也是进一步加强工程建设管理，按基本建设程序办事，检验概算编制质量，提高编制水平的方法之一。因此，搞好概算的审查，精确地计算出建设项目的投资，合理地使用建设资金，更好地发挥投资效果，具有重要的意义。

（1）可以促进概算编制人员严格执行国家概算编制制度，杜绝高估乱算，缩小概、预算之间的差距，提高编制质量。

（2）可以正确地确定工程造价，合理分配和落实建设投资，加强计划管理。

(3) 可以促进设计水平的提高与经济合理性。

(4) 可以促进建设单位、施工单位加强经济核算。

## (二) 审查的内容

(1) 审查单位工程概算编制依据的时效性和合法性。

(2) 审查单位工程概算编制深度是否符合国家或部门的规定。

(3) 工程量审核：审核工程量计算的方法是否符合工程量计算规则的规定。

(4) 采用的定额或指标的审核：审核所用定额或指标是否适用于该地区、该部门和专业，定额或指标的修正与补充是否符合有关部门的规定，是否与现行定额精神相一致。

(5) 材料预算价格的审核：审核消耗量大的主要材料的预算价格是否正确。

(6) 各项费用计取的审核：审核计取费用的项目及计取各项费用的费率标准是否正确。

## (三) 审查的方法

设计概算审查可以分为编制单位内部审查和上级主管部门初步设计审查会审查两个方面，这里说的审查是指概算编制单位内部的审查方法。概算编制单位内部的审查方法主要有以下三种：

(1) 编制人员自我复核。

(2) 审核人审查，包括定额、指标的选用、指标差异的调整换算、分项工程量计算、分项工程合价、分部工程直接工程费小计以及各项应取费用计算是否正确等。在编制单位内部审核人审查这一环节中，是一个至关重要的审查环节，审核人应根据被审核人的业务素质，选择全面审查法、重点审查法和抽项 (分项工程) 审查法等进行审查。

(3) 审定人审查，是指由造价工程师、主任工程师或专业组长等对本单位所编制概算的全面审查，包括概算的完整性、正确性、政策性等方面的审查和核准。

**(四) 审查的注意事项**

(1) 编制概算采用的定额、指标、价格、费用标准是否符合现行规定。

(2) 如果概算是采用概算指标编制的，应审查所采用的指标是否恰当，结构特征是否与设计符合，应换算的分项工程和构件是否已经换算，换算方法是否正确。

(3) 如果概算是采用概算定额 (或综合预算定额) 编制的，应着重审查工程量和单价。

(4) 如果是依据类似工程预算编制的，应重点审查类似预算的换算系数计算是否正确，并注意所采用的预算与编制概算的设计内容有无不符之处。

(5) 注意审查材料差价。近年来，建筑材料 (特别是木材、钢材、水泥、玻璃、沥青、油毡等) 价格基本稳定，没有什么大的波动，而有的地区的材料预算价格未做调整，或随市场因素的影响，各地区的材料预算价格差异调整步距也很不统一，所以审查概算时务必注意这个问题。

(6) 注意概算所反映的建设规模、建筑结构、建筑面积、建筑标准等是否符合设计规定。

(7) 注意概算造价的计算程序是否符合规定。

(8) 注意审查各项技术经济指标是否先进合理。可用综合指标或单项指标与同类型工程的技术经济指标对比，分析造价高低的原因。

(9) 注意审查概算编制中是否实事求是，有无弄虚作假、高估多算的现象。

# 第二节 单位建筑工程预算的审查

## 一、建筑工程预算的概念

根据拟建建筑工程的设计图纸、建筑工程预算定额、费用定额、建筑材料预算价格以及与其配套使用的有关规定等，预先计算和确定每个新建、扩建、改建和复建项目所需全部费用的技术经济文件，称为建筑工程预算。建筑工程预算也叫施工图预算。

## 二、建筑工程预算的分类

（1）按专业不同，建筑工程预算可分为土建工程预算、给排水工程预算、采暖工程预算和电气工程预算等。

（2）按费用内容不同，建筑工程预算可分为单位工程预算、单项工程预算和建设项目总预算。

## 三、建筑工程预算的作用

（1）建筑工程预算是确定单位工程造价的文件。单位工程造价要依据施工图预算来确定。

（2）建筑工程预算是银行拨付工程价款的依据。银行根据审定批准后的施工图预算办理基本建设拨款和工程价款，监督甲、乙双方按工程进度办理结算，是调整和控制投资的依据。

（3）建筑工程预算是建设单位编制标底、施工单位编制投标报价、建设单位和施工单位签订工程施工合同的依据。

（4）建筑工程预算是建设单位和施工单位结算工程费用的依据。施工单位根据已会审的施工图纸，编制施工图预算送交建设单位审核。审定后的施工图预算就是工程竣工时建设单位和施工单位双方结算工程费用的依据。

（5）建筑工程预算是施工单位编制施工计划的依据。预算中确定的各种人工、材料、机械台班用量是施工单位正确编制施工计划、进行施工准备、组织材料进场的依据。

（6）建筑工程预算是施工企业加强经济核算和进行"两算"对比的依据。"两算"对比是指施工预算与施工图预算的对比。为了防止人工、材料、机械费的超支，避免发生工程成本亏损，施工企业在完成某单位工程施工任务时，常将施工预算和施工图预算中的人工、材料、机械用量进行对比。如果施工预算在人力、物力、资金方面低于施工图预算时，则这一生产过程的劳动生产率达到了高于预算定额的水平，便节约了工程成本。

## 四、建筑工程预算的审查

### (一) 审查的意义

(1) 审查可以合理确定建设工程造价，为建设单位进行投资使用分析、施工企业进行工程成本分析、银行拨付工程款和办理工程价款结算提供可靠的依据。

(2) 审查可以制止采用各种不正当手段套取建设资金的行为，使建设资金支出使用合理，维护国家和建设单位的经济利益。

(3) 在工程施工任务少、施工企业之间竞争激烈、建设市场为买方市场的情况下，通过审查工程预算，可以制止建设单位不合理的压价现象，维护施工企业的合法经济利益。

(4) 审查可以促进工程预算编制水平的提高，使施工企业端正经营思想，从而达到加强工程预算管理的目的。

在审查建筑工程预算时，审查人员必须严格执行有关政策和规定，实事求是，立场公正，为国家和建设单位把好投资使用关，维护国家、建设单位和施工企业的合法利益。

### (二) 审查的依据

建筑工程预算审查是一项技术性和政策性都很强的工作，审查中必须遵循国家、省、市等政府部门的有关政策、技术规定。建筑工程预算审查的依据主要有以下六个方面。

1. 设计资料

设计资料主要指工程施工图纸，包括设计说明、建筑施工图、结构施工图、设计所选用的标准图等。

2. 工程承发包合同或意向协议书

工程承发包合同或意向协议书，是指建设单位和施工企业之间根据国家合同法、建筑法和招标投标法等，经过双方协商确定的承包方式、承包内容、工程预算编制原则和依据、有关费用的确定、工程价款的结算方式等具有法律效力的重要经济文件。

3. 预算定额和费用定额

预算定额和费用定额是指编制建筑工程预算所选用的相应专业预算定额和与之配套使用的费用定额、地区单位估价表和材料预算价格。

4. 施工组织设计或技术措施方案

施工组织设计或技术措施方案主要依据施工组织设计或技术措施方案对与定额内容不同或不包括的工程内容，按规定允许单独列项计价的费用进行审查。

5. 工程采用的设计、施工、质量验收等技术规范和规程

工程采用的设计、施工、质量验收等技术规范和规程主要依据规范和规程对规定必须发生而定额尚未包括的材料、检验、添加剂等需在预算中列项计算的费用进行审查。

6. 有关文件规定

其他有关文件规定主要包括工程价款结算文件、材料价格、费用调整等文件规定。

### (三) 审查的内容

1. 审查工程量

审查工程量主要是审查各分部、分项工程量计算尺寸是否正确，计算方法是否符合"工程量计算规则"要求，计算内容是否有漏算、重算和错算。审查工程量要抓住那些占预算价值比重大的分项工程。例如，对砖石砌筑工程、混凝土及钢筋混凝土工程、金属结构工程、木结构工程、楼地面等工程中的墙体、梁、板、柱、门窗、屋架、钢檩条、钢梁、钢柱、楼面、地面、屋面等分项工程，应做详细审查，其他各分部分项工程可做一般性审查。同时要注意各分项工程的材料标准、构件数量以及施工方法是否符合设计规定。为审查好工程量，审查人员必须熟悉定额说明、工程内容、工作内容、工程量计算规则和熟练的识图能力。

2. 审查预算单价

预算单价是一定计算量单位的分项工程或结构所消耗工料的货币形式表现的标准，是决定工程费用的主要因素。审查预算单价主要是审查单价的套用及换算是否正确、有没有套错或换算错预算单价、计量单位是否与定额

规定相同、小数点有没有点错位置等。

3. 审核定额直接费

定额直接费是技术措施项目费、间接费以及各项应取费用的计算基础，审查人员应细心、认真地逐项计算。

4. 审查各种应取费用

采用的费用标准是否与工程类别相符合，选用的标准与工程是否相符合，计费基数是否正确，有无多计费用项目。

5. 审查税金

由于纳税地点的不同，计算程序复杂，审查时应注意以下三点：

（1）计算基数是否完整。通常情况下是以"不含税造价"为计算基础，即直接费、间接费、利润、其他费用之和。

（2）纳税人所在地的确定是否正确。

（3）税率选用的是否正确。

### (四) 审查的方法

审查建筑工程预算应依据工程项目规模的大小、编制人员的业务熟练程度来决定。审查方法有全面审查、重点审查、指标审查和经验审查等。

1. 全面审查法

全面审查法是指根据施工图纸的内容，结合预算定额各分部、分项中的工程子目，一项不漏逐一地全面审查的方法。其具体方法和审查过程是从工程量计算到计算各项费用，最后计算出预算造价。

全面审查法的优点是全面、细致，能及时发现错误，保证质量。缺点是工作量大，在任务重、时间紧、预算人员力量薄弱的情况下一般不宜采用。对一些工程量较小、结构比较简单的工程特别是由乡镇建筑队承包的工程，由于预算技术力量差，技术资料少，所编预算差错率较大，应尽量用这种方法。

2. 重点审查法

重点审查法是相对全面审查法而言的，即只审查预算书中的重点项目，其他项目不审查。所谓重点项目，就是指那些工程量大、单价高、对预算造价有较大影响的项目。在工程预算中是什么结构，什么就是重点。例如，砖木结构，砖砌体和木作工程就是重点；砖混结构，墙体和混凝土工程就是重点；框架结构，钢筋混凝土工程就是重点。重点与非重点是相对而言的，不能绝对化。审查预算时要根据具体情况灵活掌握，重点范围可大可小，重点项目可多可少。

对各项应取费用和取费标准及其计算方法（以什么作为计算基础）等，应重点审查。由于施工企业经营机制改革，有的费用项目被取消、费用划分内容变更、新费用项目出现、计算基础改变等，因此各种应取费用的计算比较复杂，往往容易出现差错。

重点审查法的优点是对工程造价有影响的项目得到了审查，预算中的主要问题得到纠正。缺点是审查质量不如全面审查法的质量高。

3. 指标审查法

指标审查法就是审查预算书的造价及有关技术经济指标和以前审定的标准施工图或复用施工图的预算造价及有关技术经济指标相比较。如果出入不大就可以认为本工程预算编制质量合格，不必再做审查；如果出入较大，高于或低于标准设计施工图预算的10%，就需要通过按分部、分项工程进行分解，边分解边对比，哪里出入大，就进一步审查哪一部分。对比时，必须注意各分部工程项目内容及总造价的可比性。如有不可比之处，应予剔除，经这样对比分析后，再将不可比因素加进去，就找到了出入较大的可比因素与不可比因素。

指标审查法的优点是简单易行、速度快、效果好，适用于规模小、结构简单的一般民用住宅工程等，特别适用于一个地区或民用建筑群采用标准施工图或复用施工图的工程。缺点是虽然工程结构、规模、用途、建筑等级、建筑指标相同，但由于建筑地点、运输条件、能源、材料供应等条件不同，施工企业性质及级别的不同，其有关费用计算标准等会有所不同，这些差别最终必然会反映到工程预算造价中来。

4. 经验审查法

经验审查法是指根据以往的实践经验，审查那些容易产生差错的分项工程的方法。它适用于具有类似工程预算审查经验和资料的工程。经验审查法的特点是速度快，但准确程度一般。

综上所述，审查工程预算同编制工程预算一样，也是一项既复杂又细致的工作。对某一具体工程项目，到底采用哪种方法应根据预算编制单位内部的具体情况综合考虑确定。一般原则是：重点、复杂，采用新材料、新技术、新工艺较多的工程要细审；对从事预算编制工作时间短、业务比较生疏的人员所编制预算要细审；反之，则可粗略些。

### (五) 审查的步骤

（1）做好审查前的准备工作。实际工作中这项工作一般包括熟悉（定额、图纸）和了解预算造价包括的工程范围等。

（2）确定审查方法。审查方法的确定应结合工程结构特征、规模大小、设计标准、编制单位的实际情况以及时间安排的迫切程度等因素进行确定。一般来说，既可以采用单一的某种审查方法，也可以采用几种审查方法穿插进行。

（3）进行审查操作。审查操作就是按照前述不同的审查方法进行审查。

（4）审查单位和工程预算单位交换审查意见。将审查记录中的疑点、错误、重复计算和遗漏项目等问题与编制单位和建设单位交换意见，做进一步核对，以便调整预算项目和费用。

（5）审查定案。根据交换意见确定的结果，将更正后的项目进行计算并汇总，填制工程预算审查调整表，由编制单位责任人签字加盖公章，审查责任人签字加盖公章。至此，建筑工程预算审查定案。

# 第三节　单位建筑工程结 (决) 算的审查

## 一、建筑工程结算

### (一) 建筑工程结算的概念

工程结算是指承包方在工程实施过程中，依据承包合同中关于付款条件的规定和已经完成的工程量，并按照规定的程序向发包方收取工程价款的一项经济活动。通过工程结算确定的款项称为结算工程价款，俗称工程进度款。一般来说，工程结算在整个施工的实施过程中要进行多次，直到工程项目全部竣工并验收，再进行最终产品的工程竣工结算。最终的工程竣工结算价才是承发包双方认可的建筑产品的市场真实价格，也就是产品的最终工程造价。只要是发包方和承包方之间存在经济活动，就应按合同的要求进行结算。

工程竣工验收合格，应当按照下列规定进行工程结算：

(1) 承包方应当在工程竣工验收合格后的约定期限内交工程结算文件。

(2) 发包方应当在收到工程结算文件后的约定期限内予以答复。逾期未答复的，工程结算文件视为已被认可。

(3) 发包方对工程结算文件有异议的，应当在答复期内向承包方提出，并可以在提出之日起的约定期限内与承包方协商。

### (二) 建筑工程结算的作用

(1) 工程结算是办理已完工程的工程价款，确定承包方的货币收入，确定施工生产过程中资金消耗的依据。

(2) 工程结算是统计承包方完成生产计划和发包方完成建设投资任务的依据。

(3) 工程结算是承包方完成该工程项目的总货币收入，是企业内部进行成本核算，确定工程实际成本的重要依据。

(4) 工程结算文件经发包方与承包方确认，即应当作为工程决算的依据。

(5) 工程结算的完成，标志着承包方和发包方双方所承担的合同义务和经济责任的结束。

### (三) 建筑工程结算的方式

由于建筑工程项目具有建设周期长，且整个建筑产品又具有不可分割的特点。因此，只有整个单项或单位工程完工，才能进行竣工验收。但一个工程项目从施工准备开始，就要采购建筑材料并支付各种费用，施工期间更要支付人工费、材料费、机械费以及各项施工管理费，所以工程建设是一个不断消耗和不断投入的过程。为了补偿施工中的资金消耗，同时也为了反应工程建设进度与实际投资完成情况，不可能等到工程全部竣工之后才结算和支付工程价款。因此，工程结算实质上是工程价款的结算，它是发包方与承包方之间的商品货币结算，通过结算确定承包方的工程收入。

工程价款的支付分为预付备料款和工程进度款。预付备料款是指在工程开工之前的施工准备阶段，由发包方预先支付一部分资金，主要用于材料的准备。工程进度款是指工程开工之后，按工程实际完成情况定期由发包方拨付已完工程部分的价款。

根据工程性质、规模、资金来源和施工工期，以及承包内容不同，采用的结算方式也不同。一般工程结算方式可分为定期结算、分段结算、年终结算、竣工后一次结算、目标结算、其他结算等。

1. 定期结算

定期结算是指定期由承包方提出已完成的工程进度报表，连同工程价款结算账单，经发包方签证，交银行办理工程价款结算。

（1）月初预支，月末结算，竣工后清算的办法。在月初（或月中），承包方按施工作业计划和施工图预算，编制当月工程价款预支账单，其中包括预计完成的工程名称、数量和预算价值等，经发包方认定，交银行预支大约50%的当月工程价款，月末按当月施工统计数据，编制已完工程报表和工程价款结算账单，经发包方签证，交银行办理月末结算。同时，扣除本月预支款，并办理下月预支款。本期收入额为月终结算的已完工程价款金额。

（2）月末结算。月初（或月中）不实行预支，月终承包方按统计实际完成的分部、分项工程量，编制已完工程月报表和工程价款结算账单。经发包方签证，到银行审核办理结算。

2. 分段结算

分段结算是指以单项（或单位）工程为对象，按其施工划分为若干施工阶段，按阶段进行工程价款结算。

（1）阶段预支和结算。根据工程的性质和特点，将其施工过程划分若干施工进度阶段，以审定的施工图预算为基础，测算每个阶段的预支款数额。在施工开始时，办理第一阶段的预支款，待该阶段完成后，计算其工程价款，经发包方签证，交银行审查并办理阶段结算，同时办理下阶段的预支款。

（2）阶段预支，工程结算。对于工程规模不大、投资额较小、承包合同价值在50万元以下，或工期较短，一般在6个月以内的工程，将其施工全

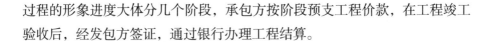

过程的形象进度大体分几个阶段，承包方按阶段预支工程价款，在工程竣工验收后，经发包方签证，通过银行办理工程结算。

**3. 年终结算**

年终结算是指单位工程或单项工程不能在本年度竣工，而要转入下年度继续施工。为了正确统计承包方本年度的经营成果和建设投资完成情况，由承包方、发包方和银行对正在施工的工程进行已完成和未完成工程量盘点，结清本年度的工程价款。

**4. 竣工后一次结算**

建设项目或单项工程全部建筑安装工程建设期在 12 个月以内，或者工程承包价值在 100 万元以下的，可以实行工程价款每月月中预支，竣工后一次结算。

**5. 目标结算**

目标结算是在工程合同中，将承包工程的内容分解成不同的控制界面，以发包方验收控制界面作为支付工程价款的前提条件。也就是说，将合同中的工程内容分解成不同的验收单元，当承包方完成单元工程内容并经发包方（或其委托人）验收后，发包方支付构成单元工程内容的工程价款。

## (四) 工程结算的方法

**1. 投标合同加签证结算的编制方法**

在编制工程结算时，以合同标价（即中标价格）为基础，增加的项目应另行经发包方签证，对签证的项目内容进行详细费用计算，将计算的结果加入合同标价中，即该工程结算总造价。

**2. 施工图预算加签证结算的编制方法**

这种方法在经过审定的施工图预算的基础上，通过价格调整形成。凡是在施工过程中发生而施工图预算又未包括的工程项目和费用，如设计变更、材料待用、材料价格变化、施工条件变化等，经发包方签证后可在工程结算中调整，即工程结算总造价为在施工图预算造价的基础上加上经过签证的费用。

3. 施工图预算加系数包干结算的编制方法

这种结算方法是先由有关单位共同商定包干范围，在施工图预算中以包干系数的形式计取一笔包干费用，编制施工图预算时乘上一个不可预见费的包干系数。如果发生包干范围以外的增加项目，如增加建筑面积、提高原设计标准或改变工程结构等，必须由双方协商同意后方可变更，并随时填写工程变更结算单，经双方签证作为结算工程价款的依据。

4. 平方米造价包干结算的编制方法

这种结算方法是指合同双方根据一定的工程资料，事先协商好每平方米造价指标和按建筑面积计算出总造价。

在合同中应明确每平方米造价指标和工程造价，在工程结算时不再办理增减调整。

### (五) 工程结算审查

工程结算编制结果的准确、合理与否将直接影响建设资金的使用，为了提高工程结算的编制质量，保证国家对竣工项目投资的合理分配，提高投资效益，应对工程结算进行审查。

1. 审查的组织形式

（1）中介机构审查。为了确保工程结算审查的公平、合理，充分反应发包方和承包方的经济利益，通常将工程结算委托具有工程造价审核资质的中介机构进行审查。或者当发包方与承包方在工程结算的某些问题上经协商未能达成协议的，应当委托工程造价中介机构进行审核。

（2）财政投资审核机构审查。对于由政府筹建的工程项目，其投资渠道主要由国家财政投资。因此，工程项目竣工后，工程结算必须由各地区的财政投资审核机构审查，以确保国有资金的合理使用，充分体现投资效益。

2. 审查的内容

（1）审查工程量。工程量是影响工程造价的决定性因素之一，是工程结算审查的重要内容。当采用工程量清单计价时，应对招标文件中的工程量进行审查。

（2）审查单价套用（综合单价）及其正误，应重点注意以下问题：

工程结算中所列分项工程综合单价是否与单位估价表中相同，其名称、规格、计量单位和所包括的工作内容与定额是否一致；对换算的单价，应首先审查换算的分项工程是否是预算定额中允许换算的，其次要审查单价换算是否正确；对补充定额和单位估价表，要审查补充定额的编制是否符合现行预算定额的编制原则，各种生产要素消耗量的确定是否合理、准确、符合实际，单位估价表的计算是否正确。

（3）审查直接费汇总。直接费在汇总过程中容易出现笔误，如项目重复汇总、小数点位置标错等现象，因此必须加强审查。

（4）审查其他有关费用。应重点审查各项费用的内容、费率和计费基础是否正确；是否按取费证的等级取费；预算外调增的材料价差是否计取了间接费；有无巧立名目、乱摊费用的现象；利润和税金应重点审查利润率和税率是否符合有关部门的现行规定，有无多算或重算的现象。

3. 审查的方法

由于工程结算的繁简程度和质量水平不同，所以采用的审查方法也应不同。审查工程结算的方法主要有全面审查法、重点审查法、对比审查法、分解对比审查法、分组计算审查法、筛选审查法、利用手册审查法等。

（1）全面审查法，又称逐项审查法，是指按施工顺序，对工程结算中的项目逐一进行审查的方法。其具体的计算方法和审查过程与编制施工图预算基本相同。此方法的优点是全面、细致，经过审查的工程结算差错较少，审查质量较高；缺点是工作量大。因此，对于一些工程量比较小、工艺比较简单的工程或编制工程预算的技术力量比较薄弱的工程，可以运用全面审查法。

（2）分组计算审查法，是一种加快审查质量速度的方法。它把预算中的工程项目划分为若干组，并把相邻的在工程量计算上有一定内在联系的项目编为一组，审查或计算同一组中某个分项工程的实物数量，利用工程量之间具有相同或相似计算基础的关系，判断同组中其他几个分项工程量计算的准确性。

（3）对比审查法，是用已建成工程预算或虽未建成但已审查修正的工程预算对比审查拟建的同类工程预算的一种方法。对比审查法一般适用的情况：第一，两个工程采用同一套施工图，但基础部分和现场条件不同；第二，两个工程设计相同，但建筑面积不同；第三，两个工程的面积相近，但设计

图样不完全相同。以上几种情况，应根据工程条件的不同，区别对待。

（4）筛选审查法，也是一种对比方法。建筑工程虽然有面积和高度的不同，但是它们的各个分部、分项工程的工程量、造价、用工量在每个单位面积上的数值变化不大，把这些数据加以汇集、优选，找出这些分部工程在单位建筑面积上的工程量、价格、用工的基本数值，归纳为工程量、造价（价值）、用工三个单方基本值表，并注明其适用的建筑标准。这些基本值如"筛子孔"，用来筛各分部、分项工程，筛下去的就可不审；没有筛下去的就意味着此分部、分项工程的单位建筑面积数值不在基本值范围内，应对该分部、分项工程进行详细审查。如果所审查的结算的建筑标准与"基本值"所适用的标准不同，就要对其进行调整。筛选法的优点是简单易懂，便于掌握，审查速度快，发现问题快，但解决差错问题还需进一步审查。因此，此法适用于住宅工程或不具备全面审查条件的工程。

4. 审查的步骤

（1）核对合同条款。首先，应核对竣工工程内容是否符合合同条件要求，工程是否竣工验收合格，只有按合同要求完成全部工程并验收合格才能列入竣工结算。其次，应按合同约定的结算方法、计价定额、取费标准、主材价格和优惠条款等，对工程竣工结算进行审核，若发现合同开口或有漏洞，应请建设单位与施工单位认真研究，明确结算要求。

（2）检查隐蔽验收记录。所有隐蔽工程均需进行验收，有两人以上签证，实行工程监理的项目应经监理工程师签证确认。审核竣工结算时应该核对隐蔽工程施工记录和验收签证，手续完整，工程量与竣工图一致方可列入结算。

（3）落实设计变更签证。设计修改变更应由原设计单位出具设计变更通知单和修改图纸，设计、校审人员签字并加盖公章，经建设单位和监理工程师审查同意、签证；重大设计变更应经原审批部门审批，否则不应列入结算。

（4）按图核实工程数量。竣工结算的工程量应依据竣工图、设计变更单和现场签证等进行核算，并按国家统一规定的计算规则计算工程量。

（5）严格执行合同约定单价。结算单价应按合同约定或招投标规定的计价定额与计价原则执行。

（6）注意各项费用计取。建安工程的取费标准应按合同要求或项目建设各项费率、价格指数或换算系数是否正确，价差调整计算是否符合要求，再核实特殊费用和计算程序。要注意各项费用的计取基数，如安装工程间接费等是以人工费为基数，这个人工费是定额人工费与人工费调整部分之和。

（7）按合同要求分清是清单报价还是套定额取费。

（8）防止各种计算误差。工程竣工结算子目多、篇幅大，往往有计算误差应认真核算，防止因计算误差多计或少算。

## 二、建筑工程竣工决算

为了严格执行基本建设项目竣工验收制度，正确核定新增固定资产价值，分析考核投资效果，建立健全经济责任制，按照国家有关规定，所有新建、改建和扩建项目竣工后，都必须履行竣工验收手续和编制竣工决算。

### (一) 工程竣工验收

依据建设部工程竣工验收有关规定的要求，工程具备验收条件后，在政府质量监督机构的监督下，建设单位组织勘察、设计、施工、监理、施工图审查机构等单位的有关专家和技术人员对工程进行竣工验收。

1. 竣工验收的范围

凡新建、改建和扩建项目竣工后以及技术改造项目，按批准的设计文件所规定的内容组成，符合验收标准的，必须及时组织竣工验收，办理固定资产移交手续。

2. 竣工验收的依据

（1）批准的设计文件、施工图纸及说明书。这是由发包人提供的，主要内容包括上级批准的设计任务书或可行性研究报告，用地、征地、拆迁文件、地质勘察报告、设计施工图及有关说明等。

（2）双方签订的施工合同。建设工程施工合同是发包人和承包人为完成约定的工程，明确相互权利、义务的协议。工程竣工验收时，对照合同约定的主要内容，可以检查承包人和发包人的履约情况，有无违约责任，是重要的合同文件和法律依据，受法律保护。

（3）设备技术说明书。发包人供应的设备，承包人应按供货清单接收并有设备合格证明和设备的技术说明书，据此按照施工图纸进行设备安装。设备技术说明书是进行设备安装调试、检验、试车、验收和处理设备质量、技术等问题的重要依据。若由承包人采购的设备，应符合设计和有关标准的要求，按规定提供相关的技术说明书，并对采购的设备质量负责。

（4）设计变更通知书。设计变更通知书是施工图纸补充和修改的记录。设计变更原则上由设计单位主管技术负责人签发，发包人认可签章后由承包人执行。

（5）施工验收规范及质量验收标准。施工中要遵循的工程建设规范和标准很多，主要有施工及验收规范、工程质量检验评定标准等。在建设工程项目管理中，经常使用的工程建设国家和行业标准与施工有关的就达数十个。对不按强制性标准施工，质量达不到合格标准的，不得进行竣工验收。

（6）外资工程应依据我国有关规定提交竣工验收文件。国家规定，凡有引进技术和引进设备的建设项目，要做好引进技术和引进设备的图纸、文件的收集、整理工作，无论通过何种渠道得到的与引进技术或引进设备有关的档案资料，均应交档案部门统一管理。

3. 竣工验收的标准

（1）生产性工程和辅助公用设施已按设计要求建成，能满足生产要求。

（2）主要工艺设备及配套设施经联动负荷试车合格，形成生产能力，且能生产出设计文件中规定的产品。

（3）必要的生活福利设施已按设计要求建成。

（4）生产设备工作能适应投产的需要。

（5）环境保护设施、劳动安全卫生设施、消防设施已按照设计要求与主体工程同时建成。

4. 竣工验收的程序

（1）工程完工后，施工单位向建设单位提交工程竣工报告，申请工程竣工验收。实行监理的工程，工程竣工报告须经总监理工程师签署意见。

（2）建设单位收到工程竣工报告后，对符合竣工验收要求的工程，组织勘察、设计、施工、监理等单位和其他有关方面的专家组成验收组，制订验收方案。

（3）建设单位应当在工程竣工验收7个工作日前将验收的时间、地点及

验收组名单书面通知负责监督该工程的工程质量监督机构。

（4）建设单位组织工程竣工验收。

①建设、勘察、设计、施工、监理单位分别汇报工程合同履约和在工程建设各个环节执行法律、法规和工程建设强制性标准的情况。

②审阅建设、勘察、设计、施工、监理单位的工程档案资料。

③实地查验工程质量。

④对工程勘察、设计、施工、设备安装质量和各管理环节等方面做出全面评价，形成经验收组人员签署的工程竣工验收意见。

### （二）工程竣工决算的概念

工程竣工决算是指在工程竣工验收交付使用阶段，由发包方编制的建设项目从筹建到竣工投产或使用全过程实际造价和投资效果的总结性经济文件。竣工决算是考核竣工项目的概预算执行情况以及向使用单位办理移交新增固定资产的依据。

### （三）工程竣工决算的内容

1. 竣工决算说明书

竣工决算说明书主要反映竣工工程建设成果和经验，是对竣工决算报表进行分析和补充说明的文件，是全面考核分析工程投资与造价的书面总结。其内容主要包括以下四个方面：

（1）建设项目概况，对工程总的评价。一般从进度、质量、安全和造价、施工方面进行分析说明。进度方面主要说明开工和竣工时间，对照合理工期和要求，分析工期是提前还是延期；质量方面主要根据竣工验收委员会的验收评定结果；安全方面主要根据劳动工资和施工部门的记录，对有无设备和人身事故进行说明；造价方面主要对照概算造价，说明是节约还是超支，用金额和百分率进行分析说明。

（2）资金来源及运用等财务分析，主要包括工程价款结算、会计账务的处理、财产物资情况及债权债务的清偿情况。

（3）基本建设收入、投资包干结余、竣工结余资金的上交分配情况。通过对基本建设投资包干情况的分析，说明投资包干数、实际支用数和节约

额、投资包干节余的有机构成和包干节余的分配情况。

（4）各项经济技术指标的分析。概算执行情况分析，根据实际投资完成额与概算进行对比分析；新增生产能力的效益分析，说明支付使用财产占总投资额的比例、占支付使用财产的比例，不增加固定资产的造价占投资总额的比例，分析有机构成和成果。

2. 竣工财务决算报表

建设项目竣工财务决算报表要根据大、中型建设项目和小型建设项目分别制订。大、中型建设项目竣工决算报表包括：建设项目竣工财务决算审批表，大、中型建设项目概况表，大、中型建设项目竣工财务决算表，大、中型建设项目交付使用资产总表。小型建设项目竣工财务决算报表包括：建设项目竣工财务决算审批表、竣工财务决算总表、建设项目交付使用资产明细表。

3. 建设工程竣工图

建设工程竣工图是真实地记录各种地上、地下建筑物、构筑物等情况的技术文件，是工程进行交工验收、维护改建和扩建的依据，是国家的重要技术档案。

国家规定：各项新建、扩建、改建的基本建设工程，特别是基础、地下建筑、管线、井巷、桥梁、隧道、港口、水坝以及设备安装等隐蔽部位，都要编制竣工图。为确保竣工图质量，必须在施工过程中（不能在竣工后）及时做好隐蔽工程检查记录，整理好设计变更文件。其具体要求有：

（1）凡按图竣工没有变动的，由施工单位（包括总包和分包施工单位，下同）在原施工图上加盖"竣工图"标志后，即作为竣工图。

（2）凡在施工过程中，虽有一般性设计变更，但能将原施工图加以修改补充作为竣工图的，可不重新绘制，由施工单位负责在原施工图（必须是新蓝图）上注明修改的部分，并附以设计变更通知单和施工说明，加盖"竣工图"标志后，作为竣工图。

（3）凡结构形式改变、施工工艺改变、平面布置改变、项目改变以及有其他重大改变，不宜再在原施工图上修改、补充时，应重新绘制改变后的竣工图。由原设计原因造成的，由设计单位负责重新绘制；由施工原因造成的，由施工单位负责重新绘图；由其他原因造成的，由建设单位自行绘制或

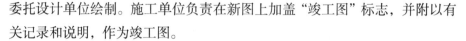

委托设计单位绘制。施工单位负责在新图上加盖"竣工图"标志，并附以有关记录和说明，作为竣工图。

（4）为了满足竣工验收和竣工决算需要，还应绘制反映竣工工程全部内容的工程设计平面示意图。

4. 工程造价比较分析

对控制工程造价所采取的措施、效果及其动态的变化进行认真的比较、对比，总结经验教训。批准的概算是考核建设工程造价的依据。在分析时，可先对比整个项目的总概算，然后将建筑安装工程费、设备工器具费和其他工程费用逐一与竣工决算表中所提供的实际数据和相关资料及批准的概算、预算指标、实际的工程造价进行对比分析，以确定竣工项目总造价是节约还是超支，并在对比的基础上总结先进经验，找出节约和超支的内容和原因，提出改进措施。

在实际工作中，应主要分析以下内容：

（1）主要实物工程量。对于实物工程量出入比较大的情况，必须查明原因。

（2）主要材料消耗量。考核主要材料消耗量，根据竣工决算表中所列明的三大材料实际超概算的消耗量，查明在工程的哪个环节超出量最大，再进一步查明超耗的原因。

（3）考核建设单位管理费、建筑安装工程费和间接费的取费标准。建设单位管理费、建筑安装工程费和间接费的取费标准要按照国家和各地的有关规定，根据竣工决算报表中所列的建设单位管理费与概预算所列的建设单位管理费数额进行比较，依据规定查明是否少列或多列费用项目，确定其节约或超支的数额，并查明原因。

对于大、中型建设项目竣工决算报表一般包括建设项目竣工财务决算审批表、项目概况表、项目竣工财务决算表、项目交付使用财产总表和财产明细表等；小型建设项目竣工财务决算报表一般包括建设项目竣工财务决算审批表、竣工财务决算总表和交付使用财产明细表等。

# 第四节　建筑工程造价的管理

## 一、建设工程概述

### (一) 建设工程项目的概念

建设工程项目是指建设领域中的项目，即为完成依法立项的新建、扩建、改建等各类工程而进行的、有起止日期的、达到规定要求的一组相互关联的受控活动组成的特定过程，包括策划、勘察、设计、采购、施工、试运行、竣工验收和考核评价等，简称建设项目。

### (二) 建设工程项目的特征

1. 建设目标的明确性

任何建设工程项目都有明确的目标，即以形成固定资产为特定目标。实现这个目标的约束条件主要是时间、资源和质量，即建设工程项目必须要有合理的建设工期目标，在一定资源投入量的目标下要达到预定的生产能力、技术水平和使用效果等质量目标。

2. 建设项目的综合性

一方面建设工程项目是在一个总体设计或初步设计范围内，由一个或若干个互相有内在联系的单项工程所组成；另一方面建设工程项目的建设环节多，涉及的单位部门多而且关系复杂，在建设过程中，每个项目所涉及的情况各不相同，这些都需要进行综合分析，统筹安排。

3. 建设过程的程序性

建设工程项目的实施需要遵循必要的建设程序和经过特定的建设过程。建设工程项目从提出建设设想、建议、方案选择、评估、决策、勘察、设计、施工一直到竣工验收投入使用，是一个有序的全过程，这就是基本建设程序。建设工程项目的实施必须遵照其内在的时序性，周密计划、科学组织，使各阶段、各环节紧密衔接，协调进行，力求缩短周期，提高项目实施的有效性。

4. 建设项目的一次性

建设工程项目是一项特定的任务，表现为投资的一次性投入、建设地点的固定性、设计和施工的单件性等特征。因此，必须要按照建设项目特定的任务和固定的建设地点，需要专门的单一设计，并根据实际条件的特点建立一次性组织进行施工生产活动。

5. 建设项目的风险性

建设工程项目投资数额巨大，工作工序复杂，涉及影响因素众多、实施周期长，在建设工程项目的实施过程中存在很多不确定因素，因而具有较大的风险。

### (三) 建设工程项目的构成

建设工程项目的构成层次可分为单项工程、单位工程、分部工程、分项工程四个层次。

1. 单项工程

单项工程是建设项目的组成部分，是指具有独立的设计文件，建成后能够独立发挥生产能力或效益的建设工程。一个建设项目，可以是一个单项工程，也可以包括多个单项工程。工业建设项目的单项工程，一般是指各个生产车间、办公楼、食堂、住宅等；非工业建设项目中，每栋住宅楼、商店、教学楼、图书馆、办公楼等各为 1 个单项工程。

2. 单位工程

单位工程是单项工程的组成部分，一般是指具有独立的设计文件，但建成后不能独立进行生产或发挥效益的工程。民用项目的单位工程较容易划分。以 1 栋住宅楼为例，其中一般土建工程、给排水、采暖、通风、照明等各为 1 个单位工程。工业项目由于工程内容复杂且有时出现交叉，因此单位工程的划分比较困难。以 1 个车间为例，其中土建工程、机电设备安装、工艺设备安装、工业管道安装、给排水、采暖、通风、电气安装、自控仪表安装等各为 1 个单位工程。

3. 分部工程

分部工程是单位工程的组成部分，每一个单位工程仍然是一个较大组合体，它本身是由许多结构构件、部件或更小的部分所组成。在单位工程中，按部位、材料和工种进一步分解出来的工程，称为分部工程。例如，建筑工程中的一般土建工程，按照部位、材料结构和工种的不同，可划分为土石方工程、桩基础工程、脚手架工程、砌筑工程、混凝土及钢筋混凝土工程、构件运输及安装工程、门窗及木结构工程、楼地面工程、屋面及防水工程、防腐保温隔热工程、装饰工程、金属结构制作工程等分部工程。

由于每一个分部工程中影响工料消耗大小的因素仍然很多，所以为了计算工程造价和工料耗用量的方便，还必须把分部工程按照不同的施工方法、不同的构造、不同的规格等进一步地分解为分项工程。

4.分项工程

分项工程是分部工程的组成部分，分项工程是指能够单独地经过一定施工工序就能完成，并且可以采用适当计量单位计算的建筑或设备安装工程。例如每10立方米基础工程，每10米暖气管道安装工程等，都可以分别为一个分项工程。但是，这种分项工程与工程项目这样整体的产品不同，它不能形成一个完整的工程实体，一般说来，其独立的存在往往是没有实际意义的，它只是建筑或安装工程构成的一种基本部分，是为了确定建筑及安装工程项目造价而划分出来的假定产品。

**(四) 建设工程项目基本建设程序**

基本建设程序是指基本建设全过程中各项工作必须遵循的先后顺序。它是指基本建设全过程中各环节、各步骤之间客观存在的不可破坏的先后顺序，是由基本建设项目本身的特点和客观规律决定的。进行基本建设，坚持按科学的基本建设程序办事，就是要求基本建设工作必须按照符合客观规律要求的一定顺序进行。正确处理基本建设工作中从制定建设规划，确定建设项目、勘察、定点、设计、建筑、安装、试车，直到竣工验收交付使用等各个阶段、各个环节之间的关系，达到提高投资效益的目的，这是关系基本建设工作全局的一个重要问题，也是按照自然规律和经济规律管理基本建设的一个根本原则。

一个建设工程项目从计划建设到建成投产，包括以下主要步骤。

1.项目建议书阶段(包括立项评估)

项目建议书是由投资者(目前一般是项目主管部门或企、事业单位)对准备建设项目提出的大体轮廓性设想和建议。其主要确定拟建项目必要性和是否具备建设条件及拟建规模等，为进一步研究论证工作提供依据。

2. 可行性研究阶段（包括可行性研究报告评估）

根据项目建议书的批复进行可行性研究工作。对项目在技术上、经济上和财务上进行全面论证、优化和推荐最佳方案，与这阶段相联系的工作应有由工程咨询公司对可行性研究报告进行评估。

3. 设计阶段

根据项目可行性研究报告的批复，项目进入设计阶段。由于勘察工作是为设计提供基础数据和资料的工作，这一阶段也可称为勘察设计阶段，这是项目决策后进入建设实施的重要阶段。设计阶段主要工作通常包括扩大初步设计和施工图设计两个阶段，对于技术复杂的项目还要增加技术设计阶段。以上设计文件和资料是国家安排建设计划和项目组织施工的主要依据。

4. 开工准备阶段

项目开工准备阶段的工作较多，主要工作包括申请列入固定资产投资计划及开展各项施工准备工作。这一阶段的工作质量，对保证项目顺利建设具有决定性作用。这一阶段工作就绪，即可编制开工报告，申请正式开工。

5. 施工阶段

施工阶段对建筑安装企业来说，是产品的生产阶段。在这一阶段末，还要完成生产准备工作。

6. 竣工验收阶段

这一阶段是项目建设实施全过程的最后一个阶段，是考核项目建设成果、检验设计和施工质量的重要环节，也是建设项目能否由建设阶段顺利转入生产或使用阶段的一个重要阶段。

工程建设过程中所涉及的社会层面和管理部门广泛，协调合作环节多。因此，必须按照建设工程项目的客观规律和实际顺序进行工程建设。建设工程项目的基本建设程序是由工程建设进程所决定的，它反映了建设工作客观存在的经济规律及自身的内在联系特点。

## 二、工程造价的概念

### (一) 工程造价的概念

工程造价通常是指建设工程的建造价格。在市场经济条件下，由于所站的角度不同，工程造价的含义也不同。

第一种含义：从投资者(业主)的角度而言，工程造价是指建设一项工程预期开支或实际开支的全部固定资产投资费用、包括设备及工器具购置费、建筑安装工程费用、工程建设其他费用，预备费、建设期贷款利息和固定资产投资方向调节税。投资者在投资活动中所支付的全部费用最终形成了工程建成以后交付使用的固定资产、无形资产、流动资产和其他资产价值，所有这些开支就构成了工程造价。在这个意义上工程造价就是建设工程项目的固定资产投资费用。因此，人们有时把固定资产投资费用也称为工程造价。

第二种含义：从市场交易的角度来定义，工程造价是指工程价格，即为建成一项工程，预计或实际在土地市场、设备市场、技术劳务市场以及工程承发包市场等交易活动中所形成的建筑安装工程的价格和建设工程项目的总价格。显然，工程造价的第二种含义是将工程项目作为特殊的商品形式，通过招投标、承发包和其他交易方式，在多次预估的基础上，最终由市场形成价格。通常把工程造价的第二种含义认定为工程承发包价格。

工程造价的两种含义是从不同角度把握同一事物的本质。从建设工程的投资者来说，工程造价就是项目投资，是"购买"项目要付出的价格，同时也是投资者在市场"出售"项目时定价的基础；对于规划、设计、承包商以及包括造价咨询在内的中介服务机构来说，工程造价是他们出售商品和劳务的价格总和，或者是特指范围的工程造价，如建筑安装工程造价。

区别工程造价的两种含义，其理论意义在于为以投资者和承包商为代表的供应商的市场行为提供理论依据。当政府提出降低工程造价时，是站在投资者的角度充当市场需求的角色；当承包商提出要提高工程造价，获得更多利润时，是要实现一个市场供给主体的管理目标。这是市场运行机制的必然，不同的利益主体不能混为一谈。区别工程造价的两种含义的现实意义

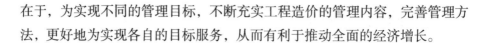

在于，为实现不同的管理目标，不断充实工程造价的管理内容，完善管理方法，更好地为实现各自的目标服务，从而有利于推动全面的经济增长。

### (二) 建设项目投资的概念

1. 建设项目总投资

建设项目总投资指投资主体为获取预期收益，在选定的建设项目上投入所需的全部资金。建设项目按用途可分为生产性建设项目和非生产性建设项目。生产性建设项目总投资包括固定资产投资和流动资产投资；非生产性建设项目总投资只包括固定资产投资，不包括流动资产投资。

2. 固定资产投资

固定资产是指在社会在生产过程中可供长时间反复使用，单位价值在规定限额以上，并在其使用过程中不改变其实物形态的物质资料，如建筑物、机械设备等。在我国的会计实务中，固定资产的具体划分标准为：单位价值在规定限额以上，使用年限超过1年的建筑物、构筑物、机械设备，运输工具和其他与生产经营有关的工具、器具等资产均应视作固定资产；凡不符合上述条件的劳动资料一般被称为低值易耗品，属于流动资产。建设项目的固定资产投资也就是建设项目的工程造价。

3. 静态投资

静态投资是以某一基准年、月的建设要素的价格为依据所计算出的建设项目投资的瞬时值。静态投资包括设备及工器具购置费、建筑安装工程费用、工程建设其他费用、基本预备费，以及因工程量误差而引起的工程造价变化等。

4. 动态投资

动态投资是指为完成一个工程项目的建设、预计投资需要量的总和。动态投资除包括静态投资所含内容之外，还包括建设期贷款利息、涨价预备费、固定资产投资方向调节税等，以及利率、汇率调整等增加的费用。动态投资适应了市场价格运行机制的要求，更加符合实际的经济运动规律。

静态投资和动态投资的内容虽然有区别，但两者有密切联系。动态投资包含静态投资，静态投资是动态投资最主要的组成部分，也是动态投资的计算基础。

### 三、工程造价的特点

#### (一) 工程造价的大额性

能够发挥投资效用的任一项工程，不仅实物形体庞大，而且造价高昂。动辄数百万、数千万、数亿、几十亿，特大型工程项目的造价可达百亿、千亿元人民币。工程造价的大额性使其关系到有关各方面的重大经济利益，同时也会对宏观经济产生重大影响。这就决定了工程造价的特殊地位，也说明了工程造价管理的重要意义。

#### (二) 工程造价的个别性、差异性

任何一项工程都有特定的用途、功能、规模。因此，对每一项工程的结构、造型、空间分割、设备配置和内外装饰都有具体的要求，因而使工程内容和实物形态都具有个别性、差异性。产品的差异性决定了工程造价的个别性、差异性。同时，每项工程所处地区、地段都不相同，使这一特点得到强化。

#### (三) 工程造价的动态性

任何一项工程从投资决策到竣工交付使用，都有一个较长的建设期，而且由于不可控因素的影响，在预计工期内，许多影响工程造价的动态因素，如工程变更，设备材料价格，工资标准以及费率、利率、汇率会发生变化。这种变化必然会影响到造价的变动。所以，工程造价在整个建设期中处于不确定状态，直至竣工决算后才能最终确定工程的实际造价。

#### (四) 工程造价的层次性

工程造价的层次性取决于工程的层次性。一个建设项目往往含有多个能够独立发挥设计效能的单项工程(车间、写字楼、住宅楼)。一个单项工程又是由能够各自发挥专业效能的多个单位工程(土建工程、电气安装工程等)组成。与此相适应，工程造价有三个层次：建设项目总造价、单项工程造价和单位工程造价。如果专业分工更细，分部分项工程也可以成为交换对

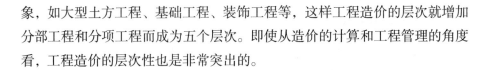

象，如大型土方工程、基础工程、装饰工程等，这样工程造价的层次就增加分部工程和分项工程而成为五个层次。即使从造价的计算和工程管理的角度看，工程造价的层次性也是非常突出的。

### (五) 工程造价的兼容性

工程造价的兼容性首先体现在它具有两种含义，其次表现在工程造价构成因素的广泛性和复杂性。在工程造价中，首先成本因素非常复杂。其中为获得建设工程用地支出的费用、项目可行性研究和规划设计费用与政府一定时期政策 (特别是产业政策和税收政策) 相关的费用占有相当的份额。其次，盈利的构成也较为复杂，资金成本较大。

## 四、工程造价的作用

### (一) 工程造价是项目投资决策的依据

工程项目具有的投资大、建设周期长等特点，决定了项目投资决策的重要性。工程造价决定着项目的一次性投资费用，投资者是否有足够的财务能力支付这笔费用，是否认为值得支付这项费用，是项目投资决策中要考虑的主要问题。如果工程项目的价格超过投资者的支付能力，就会迫使他放弃这个项目；如果项目投资的效果达不到预期目标，投资者也会自动放弃这个拟建项目。因此，在项目投资决策阶段，工程造价就成为项目财务分析和经济分析的重要依据。

### (二) 工程造价是制订投资计划和控制投资的依据

投资计划是按照建设工期、工程进度和建设工程价格等逐年分月加以制订的。正确的投资计划有助于合理和有效地使用资金。

工程造价在控制投资方面的作用主要体现在两个方面：首先，工程造价是通过多次计价，最终通过竣工决算确定下来的。工程造价每一次的计价过程就是对下一次计价的控制过程，如设计概算不能超过投资估算，施工图预算不能超过设计概算等。这种控制是在投资者财务能力的限度内为取得既定的投资效益所必需的。其次，工程造价对投资的控制也表现在利用制定各种

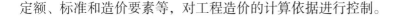

定额、标准和造价要素等，对工程造价的计算依据进行控制。

### （三）工程造价是筹集建设资金的依据

随着市场经济体制的建立和完善，我国已基本实现从单一的政府投资到多元化投资的转变，这就要求项目的投资者有很强的筹资能力，以保证工程项目有充足的资金供应。工程造价决定了建设资金的需求量，从而为筹集资金提供了比较准确的依据。当建设资金来源于金融机构的贷款时，工程造价成为金融机构评价建设项目偿还贷款能力和放贷风险的依据，并根据工程造价来决策是否给予投资者贷款以及给予贷款的数量。

### （四）工程造价是评价投资效果的重要指标

工程造价是一个包含着多层次工程造价的体系。就一个工程项目来说，它既是建设项目的总造价，又包含单项工程的造价和单位工程的造价，同时也包含单位生产能力的造价，或一个平方米建筑面积的造价等。所有这些，使得工程造价自身形成了一个指标体系，它能够为评价投资效果提供多种评价指标。

### （五）工程造价是调节经济利益分配和产业结构的手段

工程造价的高低，涉及国民经济各部门和企业间的利益分配。在计划经济体制下，政府为了用有限的财政资金建成更多的工程项目，总是趋向于压低建设工程造价，使建设中的劳动消耗得不到完全补偿，价值不能得到完全实现。而未被实现的部分价值则被重新分配到各个投资部门，为项目投资者所占有。这种利益的再分配有利于各产业部门按照政府的投资导向加速发展，也有利于按宏观经济的要求调整产业结构，但是会严重损坏建筑等企业的利益，造成建筑业萎缩和建筑企业长期亏损的后果，从而使建筑业的发展长期处于落后状态，与整个国民经济发展不相适应。在市场经济中，工程造价也无例外地受供求状况的影响，并在围绕价值的波动中实现对建设规模、产业结构和利益分配的调节。同时，工程造价作为调节市场供需的经济手段，可以调整建筑产品的供需数量。这种调整最终有利于优化资源配置，有利于推动技术进步和提高劳动生产率。

## 五、工程造价的计价特征

工程造价计价就是计算和确定工程项目的造价，简称工程计价，也称工程估价。具体是指工程造价人员在项目实施的各个阶段，根据各个阶段的不同要求，遵循计价原则和程序，采用科学的计价方法，对投资项目最可能实现的合理价格做出科学的计算，从而确定投资项目的工程造价，编制工程造价的经济文件。由于工程造价具有大额性、个别性、差异性、动态性、层次性及兼容性等特点，所以决定了工程造价计价具有以下特征。

### (一) 单件性计价特征

每个建设工程都有其专门的用途，所以其结构、面积、造型和装饰也不尽相同。即便是用途相同的建设工程，其技术水平、建筑等级、建筑标准等也有所差别，这就使得建设工程的实物形态千差万别，再加上不同地区构成工程造价的各种要素的差异，最终导致建设工程造价的千差万别。因此，建设工程只能就每项工程按照其特定的程序单独计算其工程造价。

### (二) 多次性计价特征

建设工程周期长、规模大、造价高，因此按照基本建设程序必须分阶段进行，相应地也要在不同阶段进行多次计价，以保证工程造价计价的科学性。

### (三) 计价依据的复杂性特征

建设工程造价的计价依据繁多，关系复杂。在不同的建设阶段有不同的计价依据，且互为基础和指导，互相影响。在可行性研究阶段，利用投资估算指标计算建设工程投资估算额；在设计阶段，利用概算定额 (概算指标) 和预算定额计算设计概算和施工图预算；同时预算定额是概算定额 (指标) 编制的基础，概算定额 (指标) 又是投资估算指标编制的基础等。这些都说明了建设工程造价计价依据的复杂性。

### (四) 组合性计价特征

由于建筑产品具有单件性、独特性、固定性、体积庞大等特点，因而其工程造价的计算要比一般商品复杂得多。为了准确地对建筑产品进行计价，往往需要按照工程的分部组合进行计价。凡是按照一个总体设计进行建设的各个单项工程汇集的总体称为一个建设项目，反过来讲可以把一个建设项目分解为若干个单项工程，一个单项工程可以分解为若干个分部工程，一个分部工程又可以分解为多个分项工程。在计算工程造价时，往往先计算各个分项工程的价格，依次汇总后，就可以汇总成各个分部工程的价格、各个单位工程的价格、各个单项工程的价格，最后汇总成建设工程总造价。

### (五) 计价方法的多样性特征

工程项目的多次计价有其各不相同的计价依据，每次计价的精确度要求也各不相同，由此决定了计价方法的多样性。例如，投资估算的方法有设备系数法、生产能力指数估算法等；设计概算的方法有概算定额法、概算指标法等。不同的方法有不同的适用条件，计价时应根据具体情况加以选择。

## 六、工程造价管理概述

### (一) 工程造价管理的概念

工程造价有两种含义，相应地工程造价管理也有两种管理：一是指建设工程投资费用管理，二是指建设工程价格管理。

1. 建设工程投资费用管理

建设工程投资费用管理是指为了实现投资的预期目标，在拟订的规划、设计方案的条件下，预测、确定和监控工程造价及其变动的系统活动。建设工程投资费用管理属于投资管理范畴，它既涵盖了微观层次的项目投资费用的管理，也涵盖了宏观层次的投资费用的管理。

2. 建设工程价格管理

建设工程价格管理属于价格管理范畴。在社会主义市场经济条件下，价格管理一般分为两个层次。在微观层次上，是指生产企业在掌握市场价格信息的基础上，为实现管理目标而进行的成本控制、计价、定价和竞价的系统活动。它反映了微观主体按支配价格运动的经济规律，对商品价格进行能动的计划、预测、监控和调整，并接受价格对生产的调节。在宏观层次上，是指政府部门根据社会经济发展的实际需求，利用现有的法律、经济和行政手段对价格进行管理和调控，并通过市场管理规范市场主体价格行为的系统活动。

### (二) 工程造价管理的目标和任务

1. 工程造价管理的目标

工程造价管理的目标是按照经济规律的要求，根据社会主义市场经济的发展形势，利用科学管理方法和先进管理手段，合理地确定和有效地控制工程造价，以提高投资效益和建筑安装企业经营效果。

2. 工程造价管理的任务

工程造价管理的任务是加强工程造价的全过程动态管理，强化工程造价的约束机制，维护有关各方的经济利益，规范价格行为，促进微观效益和宏观效益的统一。

### (三) 工程造价管理的基本内容

工程造价管理的基本内容就是合理确定和有效控制工程造价。

1. 工程造价的合理确定

工程造价的合理确定就是在工程建设的各个阶段，合理确定投资估算价、概算造价、预算造价、承包合同价、结算价、竣工决算价。

（1）在可行性研究阶段，按照有关规定，应编制投资估算，经有关部门批准，作为拟建项目列入国家中、长期计划和开展前期工作的控制造价。

（2）在初步设计阶段，按照有关规定编制初步设计总概算，经有关部门批准，即作为拟建项目工程造价的最高限额。对初步设计阶段，实行建设项目招标承包制签订承包合同协议的，其合同价也应在最高限价（总概算）相应的范围以内。

（3）在施工图设计阶段，按规定编制施工图预算，用以核实施工图阶段预算造价是否超过批准的初步设计概算。

（4）在招标投标阶段，承发包双方确定的承包合同价是以经济合同形式确定的建筑安装工程造价。

（5）在工程实施阶段要按照承包方实际完成的工程量，以合同价为基础，同时考虑因物价变动所引起的造价变更，以及设计中难以预计的而在实施阶段实际发生的工程和费用，合理确定结算价。

（6）在竣工验收阶段，全面汇集在工程建设过程中实际花费的全部费用，编制工程项目的竣工决算，如实体现该工程项目的实际造价。

2. 工程造价的有效控制

工程造价的有效控制就是在优化建设方案、设计方案的基础上，在建设程序的各个阶段，采用一定的方法和措施把工程造价的发生控制在合理的范围和核定的造价限额以内。具体来说，要用投资估算控制设计方案的选择和初步设计概算造价；用概算造价控制技术设计和修正概算造价；用概算造价或修正概算造价控制施工图设计和预算造价，以求合理使用人力、物力和财力，取得较好的投资效益，控制造价在这里强调的是控制项目投资。

有效控制工程造价应体现以下三个原则。

（1）以设计阶段为重点的建设全过程造价控制。建设工程造价控制应贯穿项目建设的全过程，在控制过程中，必须重点突出，只有抓住关键阶段，工程造价控制才能有效可控。根据大量资料显示，在工程项目整个建设程序中，影响项目造价最大的阶段是约占工程项目建设周期1/4的技术设计结束前的工作阶段。在初步设计阶段，影响项目造价的可能性为75%～95%；在技术设计阶段，影响项目造价的可能性为35%～75%；在施工图设计阶段，影响项目造价的可能性为5%～35%；到了施工阶段对造价的影响已经很小。

很显然，工程造价控制的重点在于施工以前的投资决策和设计阶段，而在项目做出投资决策后，控制工程造价的关键就在于设计。在我国，长期以来忽视工程建设前期工作阶段的造价控制，而把造价控制的主要精力放在承发包阶段及施工阶段（如审核施工图预算、结算建筑安装工程价款），对工程项目建设前期的造价控制重视不够。因此，要有效地控制建设工程造价，就应将工程造价管理的重点转到工程建设前期。

（2）实施主动控制。长期以来，人们一直把控制理解为目标值与实际值的比较，以及当实际值偏离目标值时，分析其产生偏差的原因，并确定下一步的对策。在工程项目建设全过程进行这样的工程造价控制当然是有意义的。但问题在于，这种立足于调查—分析—决策基础之上的偏离—纠偏—再偏离—再纠偏的控制方法，只能发现偏离，不能使已产生的偏离消失，不能预防可能发生的偏离，因而只能说是被动控制。20世纪70年代初开始，人们将系统论和控制论的研究成果用于项目管理后，将"控制"立足于事先主动地采取决策措施，以尽可能地减少以至避免目标值与实际值的偏离，这是主动的、积极的控制方法，因此被称为主动控制。也就是说，工程造价的控制，不仅要反映投资决策，反映设计、发包和施工，被动地控制工程造价，更要能动地影响投资决策，影响设计、发包和施工，主动地控制工程造价。

（3）技术与经济相结合是控制工程造价最有效的手段。要有效地控制工程造价，应从组织、技术、经济等多方面采取措施。从组织上采取措施，包括明确项目组织结构，明确工程造价控制者及其任务，明确管理职能分工；从技术上采取措施，包括重视设计多方案选择，严格审查监督初步设计、技术设计、施工图设计、施工组织设计，深入技术领域研究节约造价的可能性；从经济上采取措施，包括动态地比较工程造价的实际值和计划值，严格审核各项费用支出，采取节约造价的奖励措施等。

应该看到，技术与经济相结合是控制工程造价最有效的手段，应通过技术比较、经济分析和效果评价，正确处理技术先进与经济合理两者之间的对立统一关系，力求在技术先进条件下的经济合理，在经济合理基础上的技术先进，把控制工程造价的观念渗透各项设计和施工技术措施之中。

### （四）工程造价管理的组织

工程造价管理的组织是指为了实现工程造价管理目标而进行的有效组织活动，以及与造价管理功能相关的有机群体。它是工程造价动态的组织活动过程和相对静态的造价管理部门的统一。具体来说，主要是指国家、地方、部门和企业之间管理权限和职责范围的划分。

工程造价管理组织有三个系统。

1. 政府行政管理系统

政府在工程造价管理中既是宏观管理主体，也是政府投资项目的微观管理主体。从宏观管理的角度，政府对工程造价管理有一个严密的组织系统，设置了多层管理机构，规定了管理权限和职责范围。

（1）国务院建设行政主管部门的造价管理机构。工程造价管理的主要职责是：组织制定工程造价管理有关法规、制度并组织贯彻实施；组织制定全国统一经济定额和制订、修订本部门经济定额；监督指导全国统一经济定额和本部门经济定额的实施；制定和负责全国工程造价咨询企业的资质标准及其资质管理工作；制定全国工程造价管理专业人员执业资格准入标准，并监督执行。

（2）国务院其他部门的工程造价管理机构。主要包括：水利、水电、电力、石油、石化、机械、冶金、铁路、煤炭、建材、林业、军队、有色、核工业、公路等行业的造价管理机构。主要是修订、编制和解释相应的工程建设标准定额，有的还担负本行业大型或重点建设项目的概算审批、概算调整等职责。

（3）省、自治区、直辖市工程造价管理部门。主要职责是修编、解释当地定额、收费标准和计价制度等。此外，还有审核国家投资工程的标底、结算、处理合同纠纷等职责。

2. 行业协会管理系统

中国建设工程造价管理协会，简称中价协，是我国建设工程造价管理的行业协会，成立于1990年7月，是经中华人民共和国建设部同意，民政部核准登记，具有法人资格的全国性社会团体，是亚太地区测量师协会（PAQS）和国际工程造价联合会（ICEC）等相关国际组织的正式成员。在各国造价管理协会和相关学会团体的共同努力下，目前，联合国已将造价管理这个行业列入了国际组织认可行业，这对于造价咨询行业的可持续发展和进一步提高造价专业人员的社会地位将起到积极的促进作用。

为了增强对各地工程造价咨询工作和造价工程师的行业管理，近几十年来，先后成立了各省、自治区、直辖市所属的地方工程造价管理协会。全国性造价管理协会与地方造价管理协会是平等、协商、相互扶持的关系，地方协会接受全国性协会的业务指导，共同促进全国工程造价行业管理水平的整体提升。

3.企事业单位管理系统

企事业单位对工程造价的管理，属于微观管理的范畴。设计单位、工程造价咨询企业等按照业主或委托方的意图，在可行性研究和规划设计阶段合理确定和有效控制建设工程造价，通过限额设计等手段实现设定的造价管理目标；在招标投标工作中编制招标文件、标底，参加评标，合同谈判等工作；在项目实施阶段，通过对设计变更、工期、索赔和结算等管理进行造价控制。设计单位、工程造价咨询企业通过在全过程造价管理中的业绩，赢得自己的信誉，提高市场竞争力。

工程承包企业的造价管理是企业自身管理的重要内容。工程承包企业设有自己专门的职能机构参与企业的投标决策，并通过对市场的调查研究，利用过去积累的经验，研究报价策略，提出报价；在施工过程中，进行工程造价的动态管理，注意各种调价因素的发生和工程价款的结算，避免收益的流失，以促进企业盈利目标的实现。

## 七、概预算造价管理的任务

建设工程概预算造价工作是工程建设工作的重要组成部分。加强建设工程的概预算管理工作，建立和健全概预算管理制度，提高概预算的编制质量，是社会主义经济规律、价值规律的要求。建设工程概预算管理的基本任务就是为适应我国经济全球化和科技进步加快的国际环境，为增强企业活力和竞争力，为实现我国建设小康社会水平提供服务的。为了适应社会主义市场经济的发展，把建筑安装企业推向市场，使企业成为真正的自主经营、自负盈亏、自我发展、自我约束的独立经济实体，现行概预算的管理制度应从管理形式上进行改革，实行"量""价"分离，即要向"控制量、指导价、竞争费"的方向发展，加快要素价格市场化，以便使我国工程建设的概预算管理制度向国际靠拢，促使社会主义经济体制的发展与健全，从而建立促进经济社会可持续发展的机制。

## 八、概预算造价管理的组织与分工

我国现行的概预算机构可以分为三级，即国家级、省区市各部门、基层单位（建设单位、施工单位、设计单位、建设银行等）。

根据我国实行的"集中领导、分级管理"原则，以及我国地域辽阔，各地区、各部门经济发达程度、发展水平、市场供求状况的差异，概预算管理制度方面的方针、政策、标准、规范、规定、条例、办法等，由国家主管部门制定、批准、颁发；各省、自治区、直辖市和国务院各主管部 (委)，可以在自己行使行政权的范围内，根据本地区、本部门的特点，按照国家规定的方针、政策、规定、办法等制定本地区、本部门的补充性管理制度和贯彻执行细则，并对概预算制度实行日常性的管理。这样，就形成了我国工程建设管理中的上下、左右相互联系、相互区别，又有集中、又有分散的概预算制度的管理体系。

### 九、基层单位概预算造价的业务管理

省、区、市和各部门以上的概预算管理是方针、政策性的政府级管理，以下为基层单位，设计、建设、施工、建行、计划等单位是对概预算业务工作的管理。这里着重叙述基层各单位有关建设工程概预算业务的管理工作。

#### (一) 设计单位的概预算造价管理

国家有关文件指出："概预算的编制工作，均由设计单位负责。"因此，各级设计单位在概预算造价管理方面，应做好以下各项工作。

1. 可行性研究阶段

设计单位承担建设项目可行性研究时，其投资估算的编制工作，应由概预算人员 (以下统称技术经济人员) 负责进行，并与其他专业设计入员配合，共同做好建设项目经济效益的评估工作。

2. 初步设计阶段

(1) 坚持初步设计阶段编制总概算，技术设计阶段编制修正总概算的规定。

(2) 认真学习和坚持贯彻执行国家有关的方针政策和制度，实事求是地对工程所在地的建设条件 (包括自然条件、施工条件等可能影响造价的各种因素) 做认真的调查研究；正确选用定额、费用标准和价格等各项编制依据。

(3) 设计单位要努力提高建设概算造价的准确性，保证概算的质量。同时，要根据工程所在地基本建设主管部门发布的调整指数，考虑建设期间价

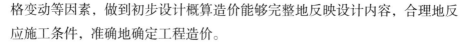

格变动等因素，做到初步设计概算造价能够完整地反映设计内容，合理地反应施工条件，准确地确定工程造价。

（4）技术经济人员应与其他专业的设计人员共同做好初步设计方案的技术经济比较工作，以选出最合理的设计方案。在初步设计的全过程中，要及时了解设计内容，掌握设计方案选定的变化情况及其对造价的增减性影响，并提出合理使用投资的建议，以发挥技术经济人员在设计工作中的经济作用。

（5）其他工程和费用概算，应按照现行有关费用定额或指标进行编制，坚决反对弄虚作假，多要投资或预留投资缺口。

（6）概算造价文件的组成和建设费用的构成要符合国家关于建设费用划分的规定。

3. 施工图设计阶段

（1）凡采用两阶段设计的建设项目，施工图设计阶段必须编制预算。对于技术简单的建设项目，设计方案确定后就做施工图设计的，也必须编制施工图预算。

（2）建筑安装工程施工图预算，应根据施工图纸说明，以及现行的预算定额（综合预算定额），材料、构配件预算价格，各项费用标准、造价动态管理调价文件等进行编制。

（3）设计人员应加强经济观念，施工图设计应控制在批准的初步设计及其预算范围内。不得随意扩大设计规模，提高设计标准，增加设计项目。

（4）积极推行限额设计。所谓限额设计，就是按照限定的投资额进行工程设计，确定能够满足生产或生活需要的相应建设规模和建设标准。具体地讲，就是工程设计人员必须按照批准的可行性研究报告书和投资控制额进行初步设计；按照批准的初步设计及概算进行施工图设计。推行限额设计，是节约建设投资的有效措施。根据资料报道，推行限额设计可以节约大量建设资金和"三大"材料。

4. 工程竣工阶段

工程竣工验收后，设计单位应了解和掌握竣工决算资料，做好决算资料的分析、整理工作，以便不断总结经验，找出差距，分析原因，为日后改进概预算的编制工作、提高概预算的编制质量创造条件。

5. 日常管理工作

（1）积极采用计算机技术编制建设工程概预算，促进概预算编制、管理工作的现代化。

（2）严格加强质量管理，认真执行"三级"审核制度，确保外发概预算文件齐全、完整、清晰、整洁、无差错。

（3）建立健全工程造价资料的积累制度，为工程造价宏观管理、决策、定制修订投资估算指标和其他技术经济指标以及研究工程造价变化规律；编制、审查、评估项目建议书，可行性研究报告投资估算，进行设计方案比选，编制初步设计概算，投标报价积累科学的依据。工程造价积累的范围应包括：经主管部门批准的可行性研究报告投资估算，初步设计概算，修正概算；经有关单位审定或签认的施工图预算，合同价、结算价和竣工决算价；建设项目总造价、单项工程造价和单位工程造价的资料。

为了保证工程造价资料的质量，使其具有真实性、合理性、适用性，工程造价资料的积累要求做到：造价资料的收集必须选择符合国家产业政策和行业发展方向的工程项目，使资料具有重复使用的价值；造价资料的积累必须有"量"有"价"，区别造价资料服务对象的不同，做到有粗有细，即收集的造价基础资料应满足工程造价动态分析的需要；应注意收集、整理完整的竣工决算资料，以反映全过程造价管理的最终成果；造价资料的收集、整理工作应做到规范化、标准化，同时应区别不同专业工程，做到工程项目划分、设备材料目录及编码、表现形式、不同层次资料收集深度和计算口径的"五统一"，并与估算、概算、预算等有关规定相适应；既要注重造价资料的真实性，又要做好科学的对比分析，反映出造价变动情况和合理造价；建立工程造价数据库，开发计算机通用程序，以提高资料的适用性和可靠性。定期组织技术经济人员的技术业务知识学习和工作经验交流，不断提高他们的技术业务水平。

## （二）建设单位的概预算造价管理

建设单位必须对本单位建设项目的概预算造价文件执行全面负责，在完成各项建设任务的同时，要认真执行概预算造价管理制度。据此，应做好以下各项工作。

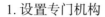

1. 设置专门机构

大、中型建设项目的筹建单位，应设置有专门负责概预算管理工作的职能机构，并配备足够数量的人员；一般小型建设项目应设置有负责概预算管理工作的专职人员。

2. **按照批准的概预算办事**

（1）根据批准的总概预算合理使用建设投资，切实搞好工程的管理，年度建设计划的编制，必须按照设计和概预算安排工程项目，不得任意提高工程标准，增加工程内容，超过概预算数值的投资额。

（2）建设单位应认真执行批准的总概算，不得任意突破，如单位工程或单项工程必须增加投资时，首先用其他工程多余的投资调剂解决。调剂困难时，经上级主管部门或其授权单位批准，可运用总概算的预备费解决。

（3）按照经审定的设备、材料清单，编制物资供应计划，进行物资采购，不得随意购置"清单"之外的设备及材料，以免造成建设资金的积压。

（4）按照其他工程和费用概预算精打细算，合理开支各项费用，严禁请客送礼，讲排场、搞摆设。

（5）与施工企业签订工程合同，必须以经审查后的概预算为依据，拨付给施工企业工程价款时，要认真制定按施工图预算的办法。单项工程完工后应督促施工企业及时办理竣工结算，并根据审查的施工图预算、增减预算和现场施工签证等资料审查竣工结算。工程竣工结（决）算必须内容完整，核对准确，真实可靠。

（6）建设项目办理交工验收后，按照基本建设竣工决算相关办法编制好工程竣工决算，做好经济分析，报送上级主管部门和财政部门以及相应的有关单位。

3. **严格进行现场施工管理**

为了确保工程质量和工程进度，使工程造价控制在批准的概预算投资额内，建设单位在工程施工期间应严格进行现场施工的管理工作。具体内容如下：

（1）检查每一分部、分项工程施工的材料配合比例、钢筋规格、模板尺寸、部位高低（或长、宽）等，是否符合设计规定和要求。

（2）检查每一分项工程的施工质量是否符合《建筑安装工程施工质量验

收规范》的规定，有无隐蔽工程等。

（3）严格施工项目增减的签证手续，以免增加较多的施工图预算增减项目和费用。

（4）认真细致地学习施工组织设计和概预算定额的工程内容、工作内容和工程量计算方法，以免造成不必要的重复计算或签证的费用。

综上所述，为了按照批准的概预算办事，必须严格地贯彻执行基本建设程序，加强建设工程的概预算管理，节约投资，降低造价，提高投资的经济效益。

### （三）施工单位的概预算造价管理

（1）认真学习和贯彻执行国家和省、市颁发的有关建筑安装工程方面的方针、政策、规定、定额和取费标准，并结合本企业的具体情况，制订实施办法或细则。

（2）参加本公司承建项目的设计概预算审查及施工图技术交底会议，详细了解设计概预算的编制范围、依据、投资总额及存在的问题与建议等。

（3）负责公司内部工程预算编制的统一工作，及时审核基层单位编制的施工图预算、工程结（决）算，协助基层单位解决工程预算编制中存在的问题。

（4）积累造价资料，学习招标投标业务知识，合理制订招标工程的投标报价工作，提高中标率。

（5）深入基层（施工现场），搞好调查研究、收取调整技术经济资料，满足公司内部各项有关职能部门对概预算数值、数量、指标等方面的需要。

（6）积极试行和推广现代化的预算、结算、决算编制技术和管理办法，促进企业"三算"编制、管理工作的现代化。

（7）组织本公司各单位概预算员（师）交流经验，学习业务知识，不断提高概预算编制、审校、投标报价的技术业务水平，提高中标率。

# 参考文献

[1] 李露.工程建设项目经济评价研究[M].哈尔滨：东北林业大学出版社，2019.

[2] 项勇，卢立宇，徐姣姣.建设工程项目投资与融资[M].北京：机械工业出版社，2020.

[3] 史玉芳.建设项目评估[M].徐州：中国矿业大学出版社，2019.

[4] 刘炳胜.工程项目经济分析与评价[M].北京：中国建筑工业出版社，2020.

[5] 李开孟.工程项目经济分析理论方法及应用[M].北京：中国电力出版社，2020.

[6] 谢晶，李佳颐，梁剑.建筑经济理论分析与工程项目管理研究[M].长春：吉林科学技术出版社有限责任公司，2021.

[7] 杨章金.建设项目竣工决算百问[M].北京：中国建筑工业出版社，2017.

[8] 李琳，郭红雨，刘士洋.建筑管理与造价审计[M].长春：吉林科学技术出版社，2019.

[9] 李建峰，李晓钏，赵剑锋.工程项目审计[M].北京：机械工业出版社，2021.

[10] 赵媛静.建筑工程造价管理[M].重庆：重庆大学出版社，2020.